高等院校视觉传达设计核心课程系列教材

Series of Teaching Materials for
Visual Communication Design Major of
Applied University

包装设计 从创意到表现

Packing Design
From Creativity
to Performance

编著 —— 郭湘黔

中国建筑工业出版社

图书在版编目（CIP）数据

包装设计：从创意到表现 / 郭湘黔编著 . —北京：
中国建筑工业出版社，2020.1
高等院校视觉传达设计核心课程系列教材
ISBN 978-7-112-24741-7

Ⅰ．①包⋯　Ⅱ．①郭⋯　Ⅲ．①包装设计—高等学校—
教材　Ⅳ．① TB482

中国版本图书馆CIP数据核字（2020）第011091号

责任编辑：吴　绫
文字编辑：李东禧　吴人杰
责任校对：赵　菲

高等院校视觉传达设计核心课程系列教材
Series of Teaching Materials for Visual Communication Design Major of Applied University

包装设计　从创意到表现
Packing Design From Creativity to Performance
编著　郭湘黔
*
中国建筑工业出版社出版、发行（北京海淀三里河路9号）

各地新华书店、建筑书店经销
北京雅盈中佳图文设计公司制版
天津图文方嘉印刷有限公司印刷
*
开本：787毫米×1092毫米　1/16　印张：8　字数：176千字
2020年9月第一版　2020年9月第一次印刷
定价：**58.00**元
ISBN 978-7-112-24741-7
　　（35005）

丛书编委会

主　编：李　俭

编　委：陈美欢　苏琼英　张　真

　　　　郭湘黔　赵乾雁　柳　芳

　　　　岳敬霞　彭　威

总序

当德国包豪斯的设计思想开启了工业时代的现代设计教育体系至今,已有近百年历史,我们仍然沿袭着此种思想、观念和方法面对今天的设计教学。应用学科的教育滞后于应用对象的需求已成为不争的事实,这种现象在设计学科中尤为突出。人才培养往往在不适应需求的状态下才进行反思,常常是市场反推设计教育、教学做出被动的改变或转向。而处于被动态的点状调整缺乏系统学用研究,难以从根本上改变设计的各个专业的教学困境。

近二十年来,中国社会可谓实现了跨越式发展,不仅跨越了时代,也跨越了文明。信息化时代的数字技术正在快速改变人们的生活方式和思想观念,同时也动摇了工业化背景下的设计学科各个专业的教育、教学体系。视觉传达设计就是在传统的平面设计基础上扩展而来。随着科技进步,社会需求的改变和视觉传媒方式的更新,促进了商品在市场的流通方式和交易方式的重大转变,物联网、自媒体、支付宝、微信、淘宝等等。面对这些日新月异的变化,已完全超越了传统平面设计服务的认知经验和设计教育的知识体系,如何重新发挥视觉传达设计在商业市场竞争中的作用,并以此重建该专业的人才培养的知识体系,已成为当前视觉传达设计专业教学课程建设刻不容缓的任务。

该系列教材正是基于对以往教学课程中所存在的问题进行自反性思考和积极的论证形成的教改尝试,希望借此通过专业主干基础课程的改进,研究课程与课程之间的相关逻辑、教与学之间的相长关系,自下而上地触动对专业教学改革整体性关注,从而使视觉传达设计专业人才培养学以致用,回应当下社会需求,并在社会活动中有效发挥资讯传达的作用。

重庆科技学院　**李俭**

序一

历久弥新、同步时代

视觉艺术设计中的包装设计,是国内设计学科历史最长、水准最稳定,且最早为社会经济作出贡献的专业。30 多年前,包装课在视觉或商业设计教育中的占比,至少是 "半壁江山",但随着时间的推移,期间的 "结构设计部分,因行业标准化的完善和工艺流程的建立,而逐渐被简化甚至消解——选型替代了造型,标准替代了差异。为此,包装结构教育的不少内容逐渐从原有体系中抽离出来,转换为 "在标准化和系列化中选取"。

包装的 "平面设计" 部分,以 VIS 为主轴的商品呈现逻辑逐渐贯穿设计—商品信息优先、货架效果优先等,基本取代了独立或零碎呈现的美学意义的视觉元素。为此,包装中有关平面的不少教育内容也逐渐从原有体系中抽离出来,交由图形设计、文字设计、色彩设计及印刷技术等去解决。

由于以上这两类主要原因包装课程在整个视觉设计教育的占比极速下降。当然,这些是时代的进步,是好事。经 "减肥和卸载" 后的包装设计教育,因应着极速变化的时代需求,围绕 "品牌整合营销" 的基本逻辑,充分借助材料工业的进步,努力挖掘地域文化的营养,积极利用和呈现互联网价值,精耕细作,以高质量和有说服力的作品,生动实践并诠释着新时代的包装设计教与学的路径,历久弥新地显现着包装的当下价值与活力。

当下,既是一个物质极大丰富的时代,也是一个商品胁迫消费的时代。作为包装行业,既主动跟踪服务于这个时代,也无奈地被这个高耗能的时代所裹胁。非需求性消费导致的非必要性商品比比皆是,这些只按商业逻辑而非使用逻辑生成的商品品类和品类价值,在一定程度上需借助于"包装"得以纠正;"包装" 与 "被包装物" 的价格倒挂和价值混淆,也有赖于包装设计的策略和系统,并运用好节约、可持续、可循环等途径,来切实调整、控制、消解和改善。

与高度完善甚至成熟的包装工程、包装材料、包装技术、包装标准以及包装规范同步,包装的非标材料、非标技术的需求新趋势,以及包装(配合品牌的)定制、包装单品、包装的纪念性及独立性等新属性的产生,客观上反映着包装从成熟的工业化极速向新兴的信息化转换,从面向大众普遍需求朝服务分众特殊取向的转换,从商品优先向体验优先的转换,从保护并彰显功能价值向诠释和生发文化意趣的转换。顺应上述趋势，在标准、系列、规范的逻辑之外，通过社会、心理、艺术、时尚、消费、手造等多元路径，展开有关包装设计的实验性研究。这样的课程研究，目标直指地域、民间、样式、语义、手造等多元路径，展开有关包装设计的实验性研究。这样的课程研究，目标不直指应用。

我国的包装设计教育与包装行业一样，先后经历了手造商品陈列、工业化商品运输、艺术化商品营销、标准化超市自助、条码及计算机信息识别、品牌整合营销、O2O、网购物流、单品、定制等业态相对应的包装形态和包装结构发展阶段。作为院校教育，与时俱进的相关研究必须是可持续的和力求有前瞻性的。

在设计学科的 DNA 中，最显而易见的特征，就是"设计结合市场"。横向课题是这种结合的一把钥匙，通过此，教与学双方因人而异、因事而异，力求使设计教育有的放矢、呈现锐气、焕发生机；通过此，教与学双方在专题面前平等相处，同心同德。

与"横向课题"相比，"社会应用"更多是包含"主动研发"的涵义。如果说横向课题侧重解决合作方的眼下急切需求的话，那么，社会应用则更多的是教与学双方共同挖掘"明天的"和"发展的"潜在课题。狭义的包装设计实属"从属性服务"范畴，而我们的社会应用环节，则努力尝试着将包装设计带入"牵引性服务"。

总体来说，包装设计教育学时量的缩减，是专业的发展进步而非萎缩。与学时量的变化呈反向的是：包装教育理念与时代同步、包装设计价值与市场同步、包装设计路径与技术同步、包装设计文化与品牌同步。她与相关专业在"品牌整合营销"的大矩阵和大系统中，在互联网和用户体验的大平台上，在混合型体验经济及商业业态的大调整大趋势下，充分对接，合而不同，相互激励，各显异彩。

由郭湘黔老师领衔的包装设计教学团队，是一个思维活跃、务实严谨、团结高效、集产学研于一体的学术团队。本书的出版，较全面地反映了这个团队的学术思考、教学举措、科研行为以及社会效果。

本书的作品图例全部出自团队近年来在教学、科研、市场应用等方面的作品，并有 100 多项获奖作品。我们珍视教与学双方为此付出的努力！

赵健

赵健
广州美术学院学术委员会主任
中国美术家协会平面设计委员会副主任

前言

包装设计这门课程很"传统"，它伴随着中国设计起步的开始，一直以来都是全国高等院校装潢艺术设计学科的专业必修课。而设计观念却是随着市场的不断发展而呈现出它的变化轨迹，从最初追求的对外表的装饰、美化，到强调使用功能的延伸，从品牌概念的导入到树立可持续发展的环保理念，从纯视觉的表现到包装材料触觉质感的研究，从单纯的包装个体设计到空间展示的立体扩展，无不随市场的需求而形成新的设计理念。

为了对应市场发展的需求，近年来我开始尝试以课题教学替代课程教学的方法，针对包装设计项目的操作程序，来实施和制定包装课题的教学计划，将四周的时间分为四个阶段，每个阶段都有不同要求的课题训练，并以清单的形式规范作业的要求。每个阶段的作业都不是孤立的，而是围绕各自的选题方向将之联系起来。

第一周确定选题方向，并以分组的形式展开市场调研与作品分析，采取学生自由选题的方式。但如果太过自由了，学生会感到有些茫然，因此，制定选题范围，从大方向上作一些引导是非常必要的，将设计竞赛引入到课题教学，适当地组织一些专题设计，如月饼包装专题、茶叶包装专题、旅游纪念品包装专题等。当确定大的选题方向后，同学们开始有目的性地寻找资料，分析大量的优秀作品，展开市场调研。在这个阶段尤其鼓励学生走进超市、商场、专卖店等，通过观察、比较、分析，从不同的途径获取对包装设计的认识，加深对包装概念的理解。

第二周进入包装的创意思维训练阶段，以"想象中的包装形态"为题，采取课堂快题的方式，让学生在规定的时间里手绘创意草图，并在课后完善草图方案，以此激活学生的思维想象力，其关键点是强调对于形态这个概念的理解，让学生意识到包装形态不仅仅是解决造型的问题。这个作业的训练可以天马行空，完全不受任何限制，是强调实验性和前瞻性的一种概念设计。接着让同学们按照各自的选题方向去寻找设计定位，引入以品牌符号为核心的创意训练方法，确立以品牌命名、品牌字体、图形创意为基础的品牌符号构成体系，从另一种思维角度去探讨包装设计的定位。

第三周进入设计技法表现的课题训练阶段，从包装材料、结构、包装方式入手，研究包装的视觉表达及效果图的表现技法。这个环节是课程的核心部分，鼓励学生以风格差异化为导向，使自己的原始创意和思考得以有效呈现。

第四周是课题作业完善和提升阶段，主要通过包装实物的制作过程，让学生了解材料特点、结构方式、制作正稿、输出打样等知识，透过不同的细节表现，使平面的作业得以立体化体现。这个过程是作业的完成阶段，学生的兴奋点比较多，能收到较好的效果。

学生是学习的主体，是教学内容的实践者，他们常常会产生一些意想不到的见解，通过呈现学生自己切身的感受，有助于开阔教学思路，使教学成为一种互动的有效手段。

时间往往是在不知不觉中度过的，当同学们充满激情地汇报自己课题作业的时候，当自发组织的课题展览展出的时候，当各种设计竞赛传来学生获奖消息的时候，我由衷地为这些年轻人感到高兴。

课程教学大纲

课程名称: 包装设计

课程对象: 三年级

课程性质: 专业课

英文名称: Packaging Design

一、教学目的和任务

本课程通过讲授与案例教学,使学生系统认识品牌包装设计的概念,明确包装设计在社会生活与市场经济中的意义,引导学生从包装设计的经济因素、社会因素、文化因素去深入思考,以品牌塑造为基点,结合具体设计课题,培养学生的品牌战略观、创新观与设计观,提高学生的创意思维能力,专业设计能力及分析问题、解决问题的能力。

二、教学原则和要求

1.学生独立完成课题作业,避免过分注重形式与技术而缺乏创新能力和思考的弊端。2.学生以所学的设计知识为基础,引入对品牌包装概念的理解,完成的作业既要表达概念,又要表现技能。3.注重思考过程,以互动的教学形式,训练学生的设计表达和沟通能力。4.在设计课题中,训练学生的审美品位、设计表现及市场意识。

三、教学方法

在具体教学中,采用多种形式和手段进行教学,包括理论讲授、课堂示范、个别辅导,以及引导学生学习、研究范本,注重理论与实践相结合,课堂与课外相结合:

1.市场调研、案例分析;

2.作业辅导、作业点评;

3.设计实操、作品推介。

四、授课年限和学时安排

授课学期：三年级（上学期）

周学时：16 学时

总学时：64 学时（4 周）

学分：4

五、课堂作业

根据课程安排作业。作业提交方式：

1. 平面创意作业交打印稿。

2. 实物包装作业交照片打印稿（所有作业刻成光盘上交），所有作业需附文字说明。

六、教学质量标准

1. 要求学生系统认识品牌包装设计的概念，明确包装设计在社会生活与市场经济中的意义。

2. 学生从包装设计的经济因素、社会因素、文化因素去深入思考，以品牌塑造为基点，结合具体设计课题，认识品牌战略观、创新观与设计观的意义。

3. 要求学生在创意思维能力，专业设计能力及分析问题、解决问题的能力有所提高。

七、考核和评分方法

1. 评分以百分计：平面创意作业 40%；包装实物作业 40%；课堂演示、提案等 20%。

2.综合作业情况，由任课教师给出综合分数。

3.需要时，召集相关老师汇看，给修订建议。

4.评分标准参照教学质量标准。

八、教材与教学参考

1.郭湘黔　王玥《包装设计—适度包装的课题研究》

（国家二十一世纪高等教学数字媒体规划教材）

2.王受之《世界现代平面设计史》

3.尹定邦《设计的营销与管理》

4.卢泰宏、邝丹妮《整体品牌设计》

5.郭湘黔《包装设计师完全手册》

6.原研哉《设计中的设计》

7.郭湘黔《品牌包装》

8.（美）玛丽安.罗斯奈《包装设计—从概念构思到货架展示》

9.何洁《从概念到表现的程序和方法》

附：教学实施进程表

系：视觉艺术设计学院

专业方向：品牌包装设计

班级：

学生数：　　　人

课程 名称	品牌包装设计	周数	4	学时		学分	
教学目的 与要求	本课程通过讲授与案例教学，使学生系统认识品牌包装设计的概念，明确包装设计在社会生活与 市场经济中的意义，引导学生从包装设计的经济因素、社会因素、文化因素去深入思考，以品牌 塑造为基点，结合具体设计课题，培养学生的品牌战略观、创新观与设计观，提高学生的创意思 维能力、专业设计能力及分析问题、解决问题的能力。 教学要求：1. 学生独立完成课题作业，避免过分注重形式与技术而缺乏创新能力和思考的弊端。 2. 学生以所学的设计知识为基础，引入对品牌包装概念的理解，完成的作业既要表达概念，又要 表现技能。3. 注重思考过程，以互动的教学形式，训练学生的设计表达和沟通能力。4. 在设计课 题中，训练学生的审美品位、设计表现及市场意识。						
学内容 提纲	教学内容简介 第一周认知： 本周以研究优秀包装的设计风格，来进入对包装设计的认识，加深对包装设计的理解，追寻国际 先进的包装设计理念，对国内包装现状提出思考，重点在包装设计的风格特征、设计品位、视觉 表现、包装功能等。要求学生带着思考来学习、研究。 第二周创意与定位： 本周重点以品牌符号与产品的定位设计展开，训练学生的创意思维及观念表达，要求学生理解产 品属性、市场、消费者、材料、包装形态、结构、视觉表现、开启包装方式等相关包装知识，并 且从商品的本质出发，研究品牌符号的价值、意义，重点研究符号的识别、特征、记忆印象等， 如何创造性地运用符号学的原理来解决包装设计的问题。以此展开课题训练。 第三周表现： 本周的重点在设计表现，了解视觉语言（设计要素、构成、质感、形态、比例、视知觉等）的基 本构成方法，以表现形式为切入点来研究包装设计。目的是利用设计要素，调动多样的表现手段， 达到不同的设计效果。 第四周呈现： 本周的重点是提升学生对品牌包装的整体策划能力和设计品质，通过研究品牌系列化包装，让学 生对包装设计程序有系统了解，将设计概念与创意转换成有效的表现形式，解决材料与结构的关系、 手工制作、设计效果把握等包装技术问题，要求独立完成一套品牌包装设计。						
教学方法 手段与 教具	1. 讲课； 2. 市场调研、案例分析； 3. 作业辅导、作业点评； 4. 设计实操、作品推介。 需采用多媒体教学器材（电脑、投影仪、影碟机等）						
作业题或 作业量	作业量：1. PPT 完整提案； 　　　　2. 从产品到包装（实物成品或效果图）； 　　　　3. 分析认识短文一篇						

教学进程表	第一周	1	一、讲课（概念、品牌包装策略、功能、包装设计业现状、包装的意义、优秀包装比较、设计程序） 二、分组	第二周	1	作业辅导（重点：设计概念、品牌符号、定位）	第三周	1	讲课（包装材料、市场与包装视觉语言、系列化包装设计、包装的文化附加值）
		2	一、讲课（包装设计的内容、分类、设计对象、包装设计的文化内涵、可持续发展、设计标准） 二、选题方向		2	课堂作业（创意思维、快题训练）		2	课题作业辅导（形态、结构分析）
		3	市场调研（学生去资料室、商场，了解包装风格、材料、形态、功能等。提高对商品包装的认识，通过收集作品，训练学生的思考与分析能力）		3	课题作业		3	课题作业
		4	小组调研提案		4	作业辅导（快题作业分析）		4	作业第二次辅导（设计视觉表现）
		5	讲课（概念包装、品牌符号、包装设计的定位）		5	讲课（风格设计、视觉质感、触觉设计表现形式、设计元素、比例与尺度、包装形态、纸盒结构分类）		5	作业第二次辅导（形态、结构分析）
	第四周	1		第五周	1		第六周	1	
		2	作业辅导		2			2	
		3	课题作业		3			3	
		4	作业辅导（制作环节）		4			4	
		5	作业汇报、总结、点评		5			5	
任课教师签名	郭湘黔 年 月 日			系（教研室）主任签名			年 月 日		

目录

—

第一章

包装设计的概念简述

—

一、概述

1. 何谓包装

"包"字在创字之始的象形文字寓意为胎儿置于母腹之中，形象地描绘出了包装的含义。而"装"则解释为安置安放，装载装卸的意思，同时也包含布置点缀、装饰等含义。

所谓包装，可分为狭义与广义两方面来理解，狭义的"包装"即指在流通过程中，为保护产品、方便储运、促进销售，依据不同情况而采用的容器、材料、辅助物及所进行的操作，而广义的"包装"可指一切事物的外部形式都是包装。

2. 包装的设计品质

包装的设计品质是以保证设计结果符合人类社会的需要为衡量标准，是对设计的整个运作过程进行分析、处理、判断、决策和修正的管理行为。

3. 包装的生命周期

包装产品的整个生命周期即原材料的提取、生产加工、运输、销售、使用、废弃、回收直至最终处理的全过程，它主要采用量化比较进行研究分析。其目的是在包装的整个生命周期范围内，评价包装产品的环境资源性能或使包装产品、材料、技术对环境的负影响最小或使资源综合利用率最高。

4. 包装设计的原则

包装设计的每一个环节，都应该考虑环境保护与节省资源。而包装设计中应该遵循的原则分为以下5点。

（1）包装手法减量化原则。既可减少使用后的废弃物，从源头上降低对环境的污染，又节省了宝贵的资源。

（2）包装材料无害化原则。在包装设计上应采用易降解、易回收处理的材料。

（3）包装结构长寿化原则。使包装产品的使用寿命尽量延长，以减少资源的损耗，减少对环境的污染。

（4）包装设计标准化原则。包装设计应考虑到产品的运输与仓储，以便采用最少的用料，获得最大的物流经济效益。

（5）包装设计生态化原则。要求满足生态环境要求的同时，保证产品应有的性能。

二、包装行业发展概述

1. 国内包装现状

在经济全球化的大背景下，包装已从最初的保护商品、方便运输的功能中慢慢发展成以促进销售、提升品牌形象竞争力为主的市场销售中极其重要的一环。人们对商品的需求越来越高，成为吸引消费者的第一门面。但同时也会有大量的包装随着商品的消耗而纷纷弃用为垃圾，这从另一个角度也说明商品包装对资源的过度占用和浪费。

图 1.1 《佛心茶》包装设计
课题名称：茶文化专题
点评：作为茶包装，设计理念和表现值得肯定，但形式过于繁琐，环保意识弱，属于过度包装范畴。

我们简要分析一下现今中国包装市场的现状。

（1）过度包装

随着中国包装工业的迅猛发展，包装废弃物造成的环境污染和资源浪费日益严重，据调查显示，每年由废弃包装而产生的垃圾占到总量的 20% 以上，而包装垃圾中 70% 是可减少的过度包装，包装的回收再利用率不足 30%，形成这些现状的原因包括：市场为上的过度包装思路；市民环保意识的匮乏；企业社会责任感不足；垃圾回收技术的落后；社会垃圾回收机制不健全等诸多因素。

（2）市场环境

整个包装的市场环境是由企业、设计师、消费者以及相关法律法规共同构建的，他们相互制约又相互促进，很多时候由于某一方或多方的不足将会形成这个市场环境的恶化或停滞不前，这需要多方的努力才能构建一个良性的市场环境。

而现今的中国市场却在这四方面都有或多或少的问题：企业缺乏社会责任感，一切以经济利益至上，缺乏创新和环保意识；设计师缺乏一定的市场意识和原创能力，设计公司内部恶性竞争，抄袭现象泛滥，设计费用廉价；消费者缺乏一定的审美情趣，大众消费能力不足，环保意识匮乏；市场机制不完善，缺乏有效的知识产权保护机制，包装回收再利用规范及相应的环保法律法则执行不力。以上所有问题在包装市场上的缩影便是千篇一律的设计语言、庸俗低下的审美情趣以及过度过量的商品包装。

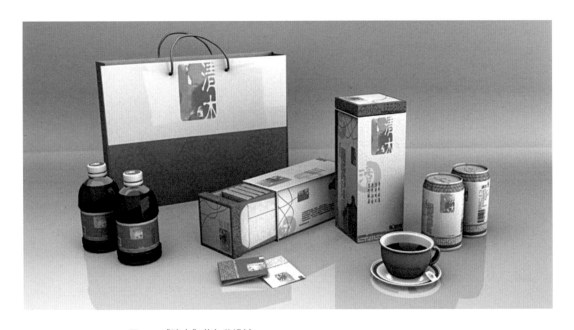

图 1.2 《清木》茶包装设计
课题名称：茶文化专题
点评：包装整体体现系列感，但美感稍弱，设计元素和主题提取得不够明确和有吸引力，设计风格陈旧不够新颖有趣。

（3）盲目跟风

自从 20 世纪 30~40 年代以包豪斯为代表的现代主义设计崛起，这种易于大众消费和批量化生产的功能主义至上的设计风格便在世界范围内蔚然成风。随着全球经济一体化的形成和技术及文化的广泛传播，时至今日，当我们在世界任何一个城市行走，直线型玻璃幕墙的建筑风格、简约现代质感的家居设计、轻便时尚的服装搭配，所有这些类似的设计风格让我们生活在任何一个现代化的城市都找不到明显的差别。反观中国的包装设计现状，依然存在对于西方设计成品没有下限的全盘抄袭，对于本土文化的漠视和遗忘，相较于现今越来越重视设计个性化本土化的市场而言，显得不伦不类。

思考题：

　　根据你个人的购物经验，能否列举出 1~2 个国内包装市场存在的问题，并讨论这种问题是如何产生的，怎样解决?

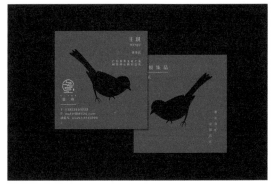

图 1.3 《玺悦》品牌设计
设计：陈清良、赖雪玲
"玺悦"品牌拟培养用户从小生活中领悟大情趣，从器物中领会匠心，从社会的钢铁丛林中碰触自然妙趣的用品概念。
一桌一世界，一茶一岁月，一物百匠心。"玺"，在古代指皇帝专用的印章，有至高无上的意义；"悦"，取愉悦、赏心悦目之义。
"玺悦"品牌寓意器物的高雅性与生活化，弥补"俗而不雅"与"雅而无用"的缺漏，整体体现精致、简约、自然的产品特点。

2. 文化的意义

　　若论到包装与文化的意义，我们便不得不从设计的起源开始追溯。

　　我们都知道设计的前身是工艺美术。早在原始社会，人类已经开始有意识地制作简单的石质生产工具，从山顶洞人开始，石器的制作从单一的生产工具逐渐演变成具有装饰意味的石器配饰。

随着生产力的发展，不同于原始社会以图腾崇拜为核心的生动活泼粗放的美学风格，青铜时代的装饰纹样渐渐形成以"礼"为核心的设计法则，而阶级的分化促使着这种美学风格更倾向于维护奴隶主阶级统治的权威性。

到秦汉时代，受先秦诸子百家思想变革的影响和楚地浪漫神话的作用，汉朝文化的主题和目标均落脚于对现世美好生活的追求以及人对客观世界的征服。一方面，人们主观意向中向往追求的目标以及对自身生活美好期许的幻想世界，另一方面，真实历史故事同时充斥着汉代艺术创作主题，例如，"周公辅成王，荆轲刺秦王，高祖斩蛇，鸿门宴"等同时掺杂着强烈的儒家道德取向和功利教化目的，但无论神话还是历史，其风格和美学基调都时刻充斥着愉快、乐观、积极的生活态度。汉代艺术的美学力量显得更加外在狂放，缺少对细节的修饰和考量，人物的形态夸张、比例不协调，装饰纹路满而粗，构图饱满、铺天盖地不留空隙……

历代的文化及工艺美术沿革在这里不一一阐述，但是我们可以看到一条清晰的脉络，即美学风格与文化的变迁一脉相承。

回归到当代的包装设计。当我们设计不同的包装便相应地要面对不同的消费人群，而包装外化的表现形式无不由以上这些因素影响，文化的意义便是在种种因素中寻找到一个综合的整体，以文化作为载体切入消费市场，更能得到消费者的内心共鸣和诉求。

它使我们的包装不仅仅是一个空虚的壳子，包装上的每个细节均能体现文化的要素并与产品紧密结合在一起。

思考题：

请列举出你见过的有文化内涵的包装，并试图分析它是从哪些具体层面表现出这种文化内涵的？

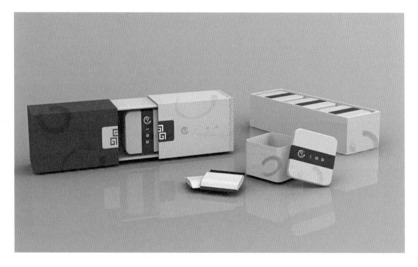

图 1.4 《一品香茶》包装设计

设计：吴恒华

课题名称：茶文化专题设计 一品香茶的品牌定位聚焦在"珍贵"上，养生或健康只是珍贵的重要支点。"珍贵"元素是其品牌定位中的重要内容，可以实现茶叶的口感与营养健康同步交融。

三、包装的附加值

1. 包装的价值概述

由于商品包装是直接面对消费者的，包装是消费者对产品的第一印象，其所传达出的信息及理念对消费者最终形成消费行为有着相当程度的影响，而包装的主要价值可以概括为以下几项：A. 保护产品；B. 美化产品；C. 方便运输；D. 提升产品价值；E. 强化品牌形象。

前三项是商品包装的基本功能，我们在此不做赘述，而后两项是包装附加值的主要体现。

2. 包装的附加值

产品与产品之间的功能性差异越来越小，质量也都基本可以满足人们的需求，商品与商品之间失去了个性化和差异化的对比。这个时候我们就需要品牌与包装来提升产品的附加值，那么何为附加值？附加值具有增值的附加价值，即商品在满足消费者基本功能需求的同时能满足情感化需求。

（1）强化品牌形象价值

消费者对品牌的印象来自于方方面面，包装也是其中的一大范畴。我们通过包装设计的应用，使包装成系统化，这样可以提升商品的品牌形象。

（2）提升产品价值

一套古色古香的茶包装能让消费者在喝茶的同时更好地理解茶文化的理念并且深入其中去品茶；透过文化，艺术价值的传播，一套好的包装设计可以大大提升产品的文化品位从而增加溢价的可能。

（3）包装的环保价值

从 21 世纪开始人们越来越多地将目光投射到绿色及可持续发展的环保理念上来，包装设计在材料的选择、结构的优化以及后续功能开发上均能有效地减少资源的浪费及对环境的污染。

思考题：
你能列举出几种体现包装附加值的案例吗？

四、包装的评价标准

尽管市场上的产品包装各异，但还是存在着一些共同而重要的特征，这些特征往往标示着一个包装的成败。通过对这些特征的评估和考察，可以帮助我们对一个包装的优劣作出一个更加准确的判断。这些特征包括：信息有效性、视觉吸引力、审美共通性、市场诉求力、包装可操作性。下面分别讨论一下如何从这些特征来判断一个包装的好坏。

1. 信息有效性

包装上的信息一般可以分为两类。第一类是实用信息，例如产品数量、规格、使用说明等实用性信息。这类信息主要是帮助用户正确地使用产品。第二类是品牌信息，例如品牌名称、品牌定位、产品特点等。这类信息的功能起着刺激用户购买、强化品牌等作用。在同类型商品市场竞争中取得优势，对于销售者而言有着重要的意义，因此，在完成第一类信息的前提下，包装设计应该尽量突出第二类信息。一个优秀的包装必须对信息进行主次分级，这样才能保证信息的有效传达。

图 1.5 《匠曼延》品牌包装设计
设计：赖雪玲、罗贝琪、李婉莹
匠心经典，蔓延传承——匠曼延旨在打造东方美学生活，在传统基础上作创新设计，图形代表中国的八卦、寓意吉祥的祥云，与继承并发扬东方文化匠心的碰撞，演绎一段匠心精神。蓝金配色不失高贵优雅，低调而有内涵。

2. 视觉吸引力

视觉吸引力是指包装吸引顾客目光的能力。只有顾客注意到了产品的存在，才能去进一步观察产品并依据所得信息作出购买决策。包装视觉吸引力的强弱，往往是由包装的新奇程度以及同周围环境的对比程度来决定的。新奇的包装造型、强烈的色彩、美妙的图案等都能提高包装的吸引力。视觉吸引力是判断包装设计成功与否的必要条件，只有具有良好的视觉吸引力，才能使产品在货架上脱颖而出，从而完成进一步的销售目标以及传达品牌信息。

图 1.6 《焚檀烬》包装设计
设计：彭纬杰
中国人对檀香有着特殊情感，使用历史悠久，用途广泛。将"中国百鬼"中较为有名的 6 种鬼怪形象进行插画设计，结合排版和字体设计，旨在打造受年轻人喜爱的檀香精油潮牌。

3. 审美共通性

尽管不同人有不同的审美标准，但是从宏观上来讲，有某些审美标准是大家所共有的。例如造型的流畅优美、比例的均匀、画面元素的平衡、色彩的协调搭配等。在部分包装设计中，为了强调促销或品牌信息，而不恰当地突出对应的文字、图形、标识等视觉元素，或者把所有能放的产品信息全部堆满包装表面，从而导致包装品位下降，给消费者留下低俗而廉价的印象。因此，包装设计也需要在审美方面有整体的把握和设计，使消费者能从包装的外观中体会到视觉的美感，从而提升产品的情感价值。

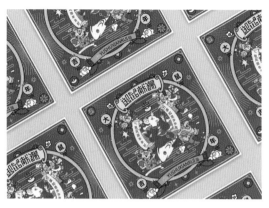

图 1.7 "御鼠献瑞"文创包装设计
设计：钟耀文、张燕玲、张佳毅
提取"春节"的传统元素，用插画的手法。运用几何、变形等元素混搭，会与传统的插画有所不同，以简约主义进行设计，尝试把传统元素和现代设计结合，呈现独特的包装效果。

4. 市场诉求力

　　一款产品要想在市场上取得良好的销售业绩并树立品牌形象，需有一个与众不同的诉求点或者明确的定位。有了明确的诉求，产品就能与其他同类产品拉开距离，利用产生差异化优势，在用户心目中建立独特的品牌形象。同时，包装设计还要同其他营销传播手段相统一，例如广告、公关、促销等活动，从而形成整合营销传播系统，使产品的定位信息传达的更加有力而统一。

图 1.8 《大西装》沙琪玛包装设计
设计：罗贝琪
高明大西装萨琪玛创立于 20 世纪 70 年代，距今已有 40 年的历史，最让人印象深刻的是，大西装萨琪玛的得名缘于创始人——80 多岁的老板罗锦荣的绰号。包装设计强化"大西装"故事来源，提取故事的元素等作为包装设计上的创作来源，整体风格采用复古怀旧的港式报刊风格，突出历史感及产品来源，给消费者一个百年老字号，值得信赖的品牌形象感。

5. 包装可操作性

可操作性主要是对包装使用功能方面的考察。产品包装的最基本功能就是对产品的保护和运输。一般情况下，包装要满足以下几个方面的使用功能，包括保护产品、易于运输与存储、方便用户的使用、制作成本合理、安全性以及环保等。一个优秀的包装，除了要具有市场营销功能外，还要具有良好的可操作性，以保证产品在市场上的安全流通和用户的顺利使用。

图 1.9 《弈·知音》包装设计
设计：林敏瑜
以明代晋中文人吴晋叔的"四景词"为元素进行设计，茶饼的设计结合了四景词用于记谱的黑白棋子造型，呼应了品牌名称中的"博弈"、"知音"的含义。

根据产品特点、市场情况和用户需求有所侧重，适度强调商品信息的有效性、视觉的吸引力、审美共通性、市场诉求力和包装可操作性。尽管我们不可能为评估包装的好坏，确定一个精确的标准，但我们可以从上述 5 个方面来进行分析，整体性地评估包装，为其市场竞争中寻找到正确的设计决策提供依据。

思考题：
请参照上文中提到的包装评价体系来评价一款你喜欢的和一款你不喜欢的包装设计。

五、章节思考题

1. 没有包装会怎样？
2. 你是怎样理解包装的功能？
3. 消费者对商品的购买诉求？
4. 品牌、商品、产品之间的区别是什么？
5. 何谓好的包装？

六、课题设定

1. 主题：中国元素、文化之"礼"

2. 提示：当国际品牌深知全球化必须立足于本地化的商业战略时，在中国市场上中国元素扮演着不可取代的位置。

【继承】作品所采用的元素是否从中国文化体系中提取；

【创新】对所使用的中国元素是否有创新的运用；

【商业】作品创意是否具有商业价值；

【美学】从美学角度衡量视觉效果到文案表达，是否具有独特的中国韵味；

【国际】作品是否既有中国文化的内涵，又体现了国际化的语言和手法。

3. 选题方向

· 酒——白酒、红酒、黄酒等；

· 茶——茶具、茶叶等；

· 食品——民俗、地域特产、传统节日食品等；

· 收藏礼品——工艺品、文具、生活用品等；

· 时尚产品——玩具、创意家居等。

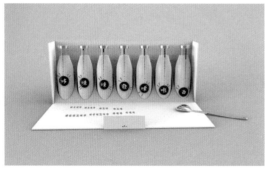

图 1.10 "好听的牛奶"包装设计
设计：梁容榕、王雅琴、李雪、柳嘉明
将牛奶包装和用玻璃瓶敲击音乐的趣味性相结合，给包装赋予更多的功能与乐趣。

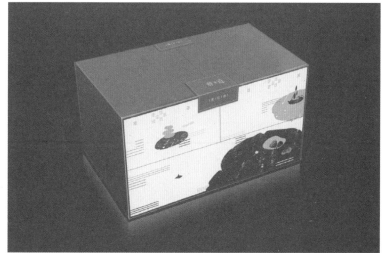

图 1.11 "三雅道"品牌包装设计

设计：罗贝琪

茶道、花道、香道，并称"三雅道"：茶道协和，花道养心，香道静心，这三道与中国传统文化有着息息相关的联系，在三道中悟人生之道，受到了千古雅士的追捧。市面上大部分关于茶道、花道、香道的产品都是独立分开的，而"三雅道"文创产品则是将提取当中的主要代表物件组成套装，形成"三道合一"。茶、花、香给予人的不仅是它的闲适、淡雅，它们创造出美的意境，正是当下人在浮躁中所欠缺的，因此包装提取三雅道的意境，搭配茶道、花道、香道的代表产品，让使用者在三道中感悟人生之道。

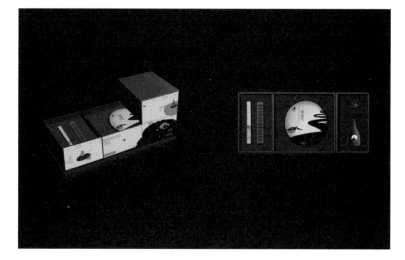

—

第二章

包装的创意路径

—

一、前期调研及工作流程规划

在我们做出包装设计的定位之前，如何进行合理有效的分析，让我们的设计更贴近于目标消费者的需求，这不是靠设计师闭门造车的臆想可以完成的，我们需要真实可靠的市场调研分析作为我们设计的支持，如何让你的客户相信你的设计，首先应该让他看到你设计合理有力的支撑点——市场数据分析。

当我们要制定一次市场调研时，我们经常会遇到几个问题：市场调研的操作流程？我们用什么方式去做调研（询问、问卷、观察）？我们应该怎样确定调查对象？调查问卷如何制定？收集来的数据如何整理分析？等等。其实从上面的章节中我们便能很好理清我们的调查需求：1.现有品牌在消费者群体中的印象；2.目标消费者的需求；3.行业竞争对手状况。而我们的调研设计基本也是围绕着这三点需求展开，目的便是通过我们的调查总结出对以上3个问题的结论，从而进一步分析我们的包装该如何设计。

1. 市场调研的操作流程

（1）明确调研目的（即我们对本次设计的预期是什么？我们需要得到些什么信息？）

（2）明确调研方法（网络问卷调查？实地询问？深入采访？观察消费者行为？）

（3）明确调研对象（市场？消费者？产品及服务？渠道？广告媒体？）

（4）制定调查问卷。

（5）实施调查。

（6）数据整理总结，分析结论。

2. 调查对象选择

如何选定合适的调查对象？

首先我们应明确目标消费人群（从年龄、职业、性别、背景、收入）等方面入手将这个群体锁定在一个相对较小的范围。

其次针对我们的包装销售渠道选择相应的场地调查消费者，比如月饼分为酒楼销售、专柜销售、超市销售等。

除了消费者之外我们可能还会涉及一些其他对象的调查，如销售场地、竞争对手产品、传媒广告等。调查区域的选择应遵循抽样调查平均化原则，避免在某个区域的抽样过多从而使数据失去代表性，明确产品的销售区域和销售渠道之后我们便将此区域划分成各个小区域，逐一调查。

图 2.1 《环友电池》包装
设计：高超
课题名称：品牌包装设计
奖项：荣获 2009 年中国包装之星一等奖

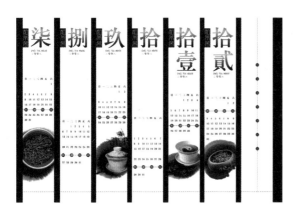

图 2.2 《和茶舍》品牌包装设计
课题名称：茶文化专题设计
水墨风的创意结合淡雅的排版，突出雅致、禅意、品
质的品牌特性。

二、有效的包装策略

1. 品牌的定义

在设计包装前我们需要有一个完善而严谨的思路来指导我们的设计方向，有效的包装策略建立在品牌、消费者和竞争对手这三个纬度的思考，从而得出最适宜自身产品的包装定位。

任何一个商业设计都有其自身归属的品牌，包装设计也不例外，当我们设计一款包装的时候除了要考虑产品本身的属性外，还要考虑到产品背后的品牌特性。

《品牌起源》中提到："品牌是给拥有者带来溢价、产生增值的一种无形的资产，他的载体是用以和其他竞争者的产品或劳务相区分的名称、术语、象征、记号或者设计及其组合，增值的源泉来自于消费者心智中形成的关于其载体的印象。"从品牌的定义我们不难看出，当我们把单个产品的包装设计融入品牌的概念体系下，包装的设计风格和设计思路都应该与品牌相契合，而品牌本身所具有的精神理念气质都是这款包装设计的基础，针对什么样的目标消费人群便会有什么样的品牌理念产生针对性的设计。所以建立品牌概念其实是让设计师在设计之前先搞清楚几个问题：

我为谁设计？（品牌）

谁购买我的设计？（目标消费人群）

如何突出我的品牌特性？（市场同类品牌比较；细分市场）

回归到我们研究的主题——包装设计，我们可以通过具体的思维流程来建立这种品牌概念。

图 2.3 "高明！"旅游文创包装设计
设计：罗贝琪
"！"——惊喜，惊叹！用常用的表示厉害聪明的语义，再加上惊叹的符号，寓意来高明旅游是一个高明的选择，建立高明文创品牌联想。

2. 品牌理念

　　包装设计是依附于品牌这个大前提的，所以我们在进行包装设计之前应该分析，产品所属的品牌理念到底是什么？例如陈幼坚为竹叶青设计的"论道·竹叶青"系列，在品牌拓展期，基于对高端消费者的深刻洞察：渴望获得稀有，追求不同凡响的品质，竹叶青专门制定了《论道 12 法则》。将制茶工艺和对茶的品质追求与中国传统的文化精神相结合，以道制茶，以道品茶，让论道成为茶的稀有品质的代表，并在传播过程中赋予了"层层历练的大师级好茶"的品牌属性，让"论道"彻彻底底地成为茶叶中的奢侈品牌。区别于市面上同类型的茶叶包装，竹叶青正是由于在品牌理念上的准确定位，在设计上形成鲜明的特色，从而在消费者心中树立起良好的品牌形象并获得良好的销售业绩。

图 2.4《ZEALQNG》品牌设计
课题名称：茶文化专题设计

3. 品牌差异化定位

　　当我们明确了自我品牌的定位和消费者需求后，也许可以得出多个结论，而如何选择一个更加有效迅速的植入消费者大脑的品牌印象，这就需要我们在市场的同类品牌中做到独树一帜，即品牌差异化定位。

　　品牌差异化定位的目的就是将产品的核心优势或个性差异转化为品牌，以满足目标消费者的个性需求。成功的品牌都有一个差异化特征，有别于竞争对手的，符合消费者需要的形象，然后以一种始终如一的形式将品牌的差异与消费者的心理需要连接起来，通过这种方式将品牌定位信息准确传达给消费者，在潜在消费者心中占领一个有利的位置。

思考题：

我们设计的产品特点是什么？他针对怎样的消费人群？消费者的需求是什么？设计应如何与其需求相结合并被消费者解读？

三、包装情感定位

一款优秀的包装设计可以通过视觉的表现传达给消费者诸多信息，其中一项便是情感的表达。当我们置身于琳琅满目的商品货架中，只需几眼我们便可以很直观地感受到不同商品的特点。如伏特加烈酒的强烈雄性气息带来的坚毅、率性；人头马洋酒考究的外形和工艺带来的尊贵和奢华之感；香奈儿香水的简约大气线条分明的棱角带来的时尚独立的西方女性美感；满记甜品怪趣活泼的怪兽图形带来的年轻人特立独行我行我素的气质。所有的这些设计都在潜移默化地传达给我们某种情感，而身处于不同的环境及不同的人群都会被这种情感所吸引、认可，并成为它的忠实消费者。

时至今日，人们对商品的需求已从简单的功能性满足进入到情感性的追求，人们在消费商品的同时也在潜移默化地消费一种态度、一种自我认知，通过消费来选择不同的生活方式和价值观。毫无疑问，一个全新的消费时代已经来临——那就是体验式消费。

图2.5 "俚俗集合"品牌设计
设计：林雨婷
对湛江民俗文化节进行视觉设计，将"舞龙"、"飘色"、"游鱼"等习俗活动进行插画设计，选取湛江特色的色彩搭配，打造湛江文创品牌。

1. 包装情感定位的作用

（1）有利于培养消费者对品牌的忠诚度

品牌忠诚度即是消费者对某一品牌的好感，它建立在品牌自身产品质量功能的实现，同时还在于品牌定位是否契合消费者自身的情感需求。当两个产品在基本功能的实现上相差无几，实现差异化吸引消费者的关键便在于其品牌定位是否符合消费者情感需求。

（2）带给消费者独特的情感体验

在商业化日趋完善的现代社会，我们面对同一品类的产品有着成百上千的选择，现代工业和技术在保证产品基本质量和功能的同时，却又加重了商品同质化和个性化的缺失。而如何让消费者将我们与别人相区分，这就是品牌定位需要完成的任务，而建立独特的情感体验更是品牌定位的一剂良方。在包装设计上，便是要求我们将一种抽象的情感或气质由视觉化的图形和文字整合成特定风格传达出来，这要求设计师有强大的抽象概括能力，并且熟知目标消费者的需求和认知，消费者在购买商品时的欲望，已经从物质功能性的我需要转变到情感体验性的我喜欢，只有在情感体验上满足消费者的需求，才能真正做到品牌差异化，从而获得消费者认可。

（3）利用情感捕捉消费者内心

情感体验说到底是激发消费者的感性消费，当消费者进入感性消费模式时，她所考虑的因素往往是这款产品是否能体现我的品位，是否符合我的审美取向，是否能切入我的内心，是否符合我的价值观等，对于价格、功能等物质性因素的敏感度降低，当产品准确地捕捉到消费者的情感需求时，他会觉得该产品在满足其基本物质需求的同时，有更多的增值利益。

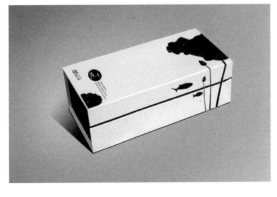

图2.6 "绿然谷"品牌包装设计
设计：张柳莎
以自然、纯净的风格为包装主调，以简约的、富有中国风意境的山水植物进行视觉设计，通过包装打造最放心、自然的品牌，营造绿色健康生态的品牌基调。

2. 包装情感定位的方法

　　一款包装设计的最终成型并在终端获得消费者认可，涉及调查、定位、策划、设计、生产、销售、售后等完整链条，一件产品的成功无法只靠优秀的包装设计来实现，但一款优秀的产品则需要全方位的包装以及每个环节的通力合作。我们可以将包装情感定位的方法总结成以下一条可以模仿利用的流程：收集消费者情感，分析消费动机（明确市场需求）——细分消费者情感特征（确定目标市场、设计风格）——具体设计落实及生产——商品进入市场——收集用户反馈信息——分析反馈信息改进包装设计——再生产。

（1）从消费者情感出发分析消费动机

　　所谓消费动机，我们可以简单地理解为消费者购买产品时的需求，即产品可以满足消费者的需求。一款产品面对的人群是多样化的，我们可以将消费者分类成多个群体，而每个群体又有多样化的需求，它们有时复杂的相互交融有时甚至相互抵触的。我们可以简单地将各种需求归纳为物质需求和情感需求，而针对不同的人群，需求的表现又会不一样。无论何时，消费动机都是一件复杂细微且时刻变动的事情，我们不能期望于一款包装可以满足绝大多数的消费市场，并且一劳永逸地永远满足该群体。人的心理会因社会及周遭环境的影响产生极大的变化，所以时刻保持市场敏锐度，洞察消费者需求的变化是设计师需要具备的基本素质。

（2）细分消费者情感特征，确立整体风格

　　当收集到足够多的消费者动机后，我们便可开始细分消费者情感特质，选定目标市场，从而确立整体风格。我们的目标客户都有什么样的职业背景，他们的消费能力如何，他们的年龄区间，他们的价值观，他们的兴趣爱好在哪，群体之间有什么样的差异和共性，我们需要怎样的理念把这些不同人群整合在一起，他们对事物认知和喜好是否有共同之处等，这些都是这一阶段我们需要考虑的问题。

（3）具体落实设计及生产

　　当我们确定了设计风格后，便进入具体的设计执行阶段。在此阶段我们需要把抽象的设计定位，如高端、大气、时尚、个性等这些词汇具象为目标消费者熟悉且认可的视觉表现。这一点非常重要，所谓情感化消费与靠逻辑思维的理性消费不同，它根植于消费者的体验及印象之中，正是有了这些生活体验和印象导致消费者对于同一个词汇会有不同的视觉印象和喜好。而具体到包装元素而言便是标识、材料、形态、色彩、趣味性等，将他们整合成一个统一的整体，以符合风格定位方向。

（4）收集用户反馈，并改进设计

　　无论我们多么满意自己的前期调研数据和用户分析，并对最终成型的设计在每个环节有严格的把控，一切在理论层面上看仿佛完美无瑕，但在产品投入市场之前，这些都只是设计师的空想。我们无法真正了解消费者，只是尽量减少犯错的可能性，及时收集用户的反馈信息并快速改进设计。而对于用户的反馈信息收集，一是市场的各项销售数据展现，二是消费者的回访及调查表统计，三是贴近消费者，观察他们的使用产品及对产品的认知。

训练题：

　　针对 00 后女大学生这一群体，以情感定位的方法为她们专门设计一款饮料的包装。

图 2.7 《陶缘明》陶具包装设计
设计：黄瑾钰
高明素有六山一水三分田的美称，用抽象的方式使六山一水三分田的高明特色山景与广佛地区源远的茶文化结合，打造一款中式陶文化旅游产品，陶缘明与"陶渊明"近音，表示品牌钟情淡雅的生活方式，并用"缘"字结合高明的"明"字，说明来到高明与陶具相遇的缘分。包装整体用深灰色为主，淡金色作为点缀，突出产品优雅、高尚的品格。

四、建立设计方法论

设计方法论是指设计师在思考设计、执行设计时遵循的方法与流程，是将设计纳入一个理性的可复制的工作流程中去。设计审美能力的高低并不是区分设计师高低的关键，一个成熟的设计师一定是一个具有理性思维能力的人，并注重从过往的工作学习中总结经验，提炼出一套切实有效的设计方法。

下面我们将具体探讨一下设计方法论的建立，以及设计的工作流程。

1. 明确目标消费者

任何设计最终都服务于消费者，无论是出于追求利益的商业行为，或者无商业目的的公益活动，设计从开始便带着强烈的目的性，而其价值实现的最终目标便是受众的认可与消费。所以，影响设计的因素有很多，但目标消费者却是定义设计风格、表现、功能等元素的灵魂所在。

图2.8 《陆太》腊味包装设计
设计：罗仙凡
包装的独特之处在于包装的形式，牛皮纸材质体现陆太的淳朴、天然的理念。标签的设计体现了简约的中式风格，提升品质感。

2. 提炼出主次需求点

在前面的章节中，我们或多或少地提到了关于设计需求的问题，简而言之，设计的最终目的就是发现问题、解决问题并最终满足特定人群的需求和喜好。

当我们做设计时，可以先列举出产品需要满足的各种需求，然后将林林总总的各类需求根据目标消费者的特性归纳分类成不同的需求层级，然后由高到低排列。当两个需求产生矛盾时，先考虑低层级的需求；当两个需求存在共性，可考虑以更高层级的需求为主。由此来筛选出哪些是首先需要满足的需求，哪些是次要满足的需求，低层级的需求往往决定了产品是否符合基本的市场规则，能否承担起最起码的生存问题，而高层级的需求则决定了产品的个性，决定了一款产品能否热卖，成为消费者心中独树一帜的宠爱。

3. 由需求提炼出具体设计定位

当我们对设计需求有一个详细的分类和归纳后，如何将其提炼成可视化的视觉语言和准确可执行的设计定位呢？很多时候由一个需求出发我们可以延伸出各种具体的设计表现风格和设计元素，它们均可实现这一需求，彼此之间却各有不同，我们很难将这些设计元素都纳入我们的实际设计中，这个时候该如何选择呢？

首先我们按主需求和次需求进行分配，比如某产品归纳出 1 个主需求和 3 个次需求，主需求延伸出 2 个设计风格，次需求延伸出 6 个设计风格，我们需要找找这 8 种风格彼此有没有交集或者共性，即某种风格可以同时满足两个或多个需求，选择交集最多的那一种风格（必须满足主需求），或者多种风格，并进行设计风格的杂糅合并处理。如果同时面临着多种风格（都满足必要需求）的选择时，我们可以引入其他的标准来进一步优化或筛选。以这种方式形成的设计风格和设计定位，可以最大限度地保证设计对需求的满足，并且筛选组合出各方面最优化的设计，是一种理性的思维模式。

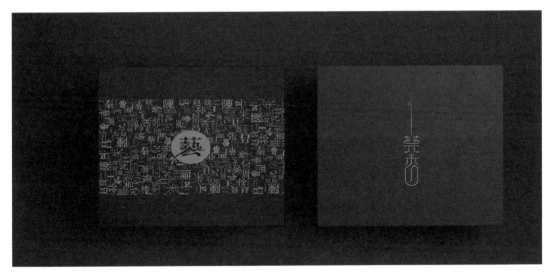

图 2.9 "莞香"百家姓礼盒包装设计
设计：品牌包装工作室
包装以"百家姓氏"为设计元素概念，字体设计上运用了云纹和莞香燃烧状态，很生动地诠释莞香这一个产品。

4. 建立完善可复制的设计评价机制

当我们对设计有了一个初步的定位和预想后，如何确定我们的设计是所限范围内最优化的设计，是否存在某些潜在问题，可否在现阶段修改与解决，并最终生成一个尽可能完善的设计。这些都需要一个体系化、标准化的设计评价机制：实用性、经济性、美观性、道德性、创新性、可持续发展性、技术规范性。

（1）实用性即是要求设计必须符合人类的基本生理需求,便于人类使用,满足产品的基本功能。

（2）经济性即是指产品便于大批量的生产开发，成本低廉，能取得利润的最大化。

（3）美观性即是指设计符合人类的基本审美情趣，能让人在使用时产生愉悦感。

（4）道德性即是指设计符合社会的基本道德标准，不触犯相关的法律规范以及文化习俗。

（5）创新性即要求设计本身别具一格、独树一帜，让人产生新鲜感。

（6）可持续发展性即是要求设计符合环保要求，便于回收再利用和较长时间内的稳定开发利用，避免多次修补。

（7）技术规范性即是指现阶段的技术工艺和操作能力可满足设计的开发和利用，不存在无法实现的设计构想。

5. 按定位执行设计，确保方向无误

通过反复的评价与修改，在此阶段我们基本可以确定一个最优化的设计定位，于是可以开始着手设计的执行阶段。设计师在设计的全过程中反复回溯之前确定下来的设计定位和设计风格，先确立具有层级关系的整体与局部考量。比如设计一款茶包装，我们先确立结构和图形风格，然后将符合此风格的各个具象元素并列举出来，再深入开发每种元素可发展的变体，每个环节都需回溯最初的设计定位，看看是否走偏，形成一个由设计元素组成的树状图，之后在每个元素之间建立连线，筛选最适合的元素组合，确保设计的最终成型并延续策划阶段的方向无误。

6. 建立体系化的设计方法及流程

当一款设计经过客户确认，进入生产并开始投放市场后，我们可以跟踪商品在市场中的表现，研究消费者回馈，从中发现各种各样的问题。每次设计完成后的调查显得格外重要，将所有出现的问题汇总起来研究导致此问题的原因，并不断完善设计流程和设计方法，形成系统可靠的设计方法论，并将其运用在之后的设计项目中，形成设计的良性循环从而提高设计能力，积累设计经验。

思考题：

根据书中提到的设计方法论，为一款包装进行设计流程的分析。

五、设计评估

在设计概念、创意方法和设计风格基本定位成型后，我们需要提出相关的问题来检查我们的定位是否合理，是否与一开始的市场调研数据相匹配，最终的设计与创意能否表达出品牌理念，并为消费者所接受。这也是在设计执行之前，对设计概念和风格定位的一次可行性评估。问题的提出可以有效地规避设计在后期执行甚至生产阶段出现的重大问题，避免大幅度的修改造成不必要的时间人力成本。并且可以让设计师时刻保持着对设计的宏观把控，在设计执行的每个环节不时地提出问题，检查设计是否偏离方向。

1. 实用价值

实用价值包括：包装对产品的保护功能实现，在产品的运输，存储，销售过程中保证内部商品不受损坏；其次是包装的方便性，包括在陈列、携带、运输、开启等方面便于使用；之后是包装的可生产性，即是包装设计是否符合工业化大批量生产；最后是包装的容装性，包装有最基本的盛放产品功能，是否能满足消费者对于产品容量要求的实现。

2. 经济价值

经济价值包括：包装成本，即包装在生产全过程材料、技术、人工等方方面面的成本总和；其二是生产效率，即包装的产出量与时间之比，如果我们需要产品尽快投入市场，高效的包装生产效率便必不可少；之后是回收成本，即包装使用后能否进行回收，回收再利用的比例有多少，回收的经济成本和时间成本有多少，最终实现的包装效果是否满意等。

3. 审美价值

审美价值包括：美观性，即包装在构图、图形、文字、色彩、造型、材料等方面的视觉美感实现；风格化，即指包装的风格倾向，可以是一种地域性的风格表现，也可以是一种美学风格的表现；趣味性，即是指包装在构图、结构等外在因素上能否实现一种趣味性的表达，吸引消费者；流行性，应与消费者本身的需求和喜好相结合，由于流行风格是动态变化的，因此对流行的评价标准也是时时变动的。

4. 品牌价值

包装设计是品牌形象的一部分，包装在图形字体等视觉元素的反复使用可以不断地强化消费者对于品牌的印象，同时包装在一些细节设计上体现的人性化也可以潜移默化的增强消费者的好感度，由此加深消费者对于品牌理念的认知和忠诚度。

5. 环保价值

包装设计如何实现环保价值亦是我们考虑的重点，其中包括：环境的保护、节约资源、节约能源。

6. 独创价值

包装设计是否能在工艺、结构、理念等方面提供可模仿及利用的新方式，从而提升包装工业水平的进步，包括功能的发挥、结构设计、材料应用等。

7. 社会价值

包装设计首先不能违反相应的法律法规；其次是伦理道德的实现；包装设计对于文化艺术的贡献等，以此实现其社会价值。

思考题：
除了书中提到的价值体系，是否还有其他的价值评价标准？

六、章节思考题

1.怎样寻找能形成有创意的包装策略？你能用一句话提炼你作品的设计概念吗？

2. 包装作品是否新颖且具有创意?

3. 品牌核心与概念相符吗?

4. 概念可以用语言表达吗?

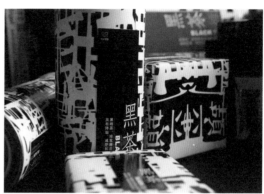

图 2.10 《安化黑茶》包装设计
设计:郭湘黔
奖项:荣获创意中国第五届全国设计艺术大奖赛一等奖 /2011 年
以反白、狂野的书法字体为设计元素,大胆的块面与对比强烈的黑白形成独特的视觉感受。

第三章

包装设计的风格呈现

一、视觉语言

当提到包装设计时，人们的第一反应往往是平面化的印刷品设计，所有的设计都是基于平面化的视觉呈现。然而平面设计在当代的学科分类中又名视觉传达，人们往往基于经验更多地将目光集中在视觉二字，孰不知，视觉只是手段，设计的目的在于传达。

视觉语言是多样性的，当我们接触到一款包装时，我们会从色彩、样式、图形、形态、材质等诸多方面对它产生印象，而诸多元素组合在一起会形成一个整体的视觉印象，并对信息的传达起到决定性作用。

1. 视觉语言的图形表达

视觉语言的图形表达，包括了所有平面化的视觉元素：图形、文字、版式、色彩。作为平面设计师，这 4 个视觉元素是我们最常接触也最易把握的部分，而对于信息的准确传达而言，这 4 个元素也是视觉设计的关键所在。

2. 视觉语言的形态表达

视觉语言的形态表达，即是包装结构及容器设计的部分，它是一种立体空间化的语言表达形式，形态的传达往往是感性模糊的信息传递。设计师对于形态的诠释往往来源于日常生活中各种形态的解构重组和模仿，人们根据自己的经验来解读不同形态所传达出的美感和信息。

3. 视觉语言的材料表达

视觉语言的材料表达，即是包装设计中运用的材料和工艺在质感、触觉，甚至嗅觉上的整体印象，材料自身固有的物理属性以及后天人类社会赋予的价值印象。不同材质的选用可以很直观地传达出产品的价值和属性所带来的触觉及视觉上的美感，也是其他视觉语言不能替代的。

4. 视觉语言的行为表达

视觉语言的行为表达，即是包装设计中对消费者与包装互动时产生的行为设计，这根植于设计师对消费者及产品内涵的深入理解，从而可以预先判断出消费者行为并进行设计。

综上所述，包装的视觉语言呈现是多种多样的，我们需要针对不同的产品，综合利用这些元素并让其和谐统一地服务于我们的设计，在下文中，我们会具体接触到不同类别的视觉语言及其运用的方式和各自特点。

思考题：

请列举一款或多款包装，如何在上述 4 个方面进行设计视觉语言表达的？

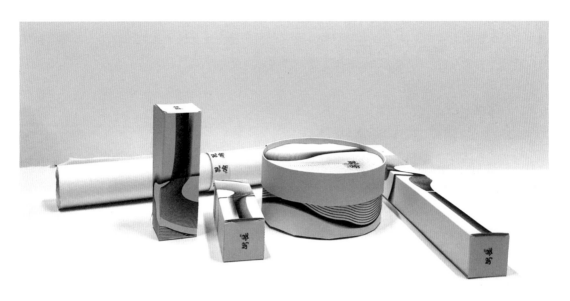

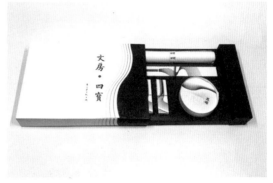

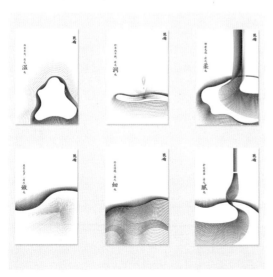

图 3.1 《砚喻》品牌设计

设计：卢文轩

"喻"有直接告诉之意，所以主题所表达的意思以端砚为叙事主体、让我们作为一个倾听者，去聆听端砚的自述，而"砚喻"与"艳遇"谐音，同时表达出让我们与端砚文化来一场美丽的邂逅之意。

在品牌内涵方面，选的是清代陈龄所著的《端石拟》中所描述的端石八德其中六德："温、润、柔、嫩、细、腻"的特征。

二、包装设计的合理性

由于包装设计的商业性特点，它的主要目的是保护产品便于运输，最终实现消费者的购买行为，然而很多时候由于商业目的的引导，设计师很容易将目光过于集中在商品的最终销售环节，忽略了包装从生产到运输以及最后弃置的过程。

1. 包装合理性的要求

包装的合理性即是要求包装针对不同的产品选用不同的材质、尺寸和印刷工艺，在实现保护产品、促进销售的同时有效地控制生产成本，提高包装的经济效益和综合管理活动。

（1）包装应妥善保护内部商品

这是包装的最基本的功能，在商品运输、储藏、销售的各个环节都必须保证商品的完好无损。这包括：包装的结构稳固性、材料的耐久和坚固性、包装在开启前的密封效果、材料是否会污染或损害内部商品等。

（2）包装应容量适当，便于搬运装卸

这要求包装的体积必须与产品相符，不能过于拥挤或空间过大，内部应有缓冲及稳固设计，减少产品在搬运装卸时可能带来的损伤。

图 3.2　陶瓷包装设计
设计：蒋玉玲
课题名称：纸结构包装设计
奖项：荣获第十五届中南星一等奖 /2013 年

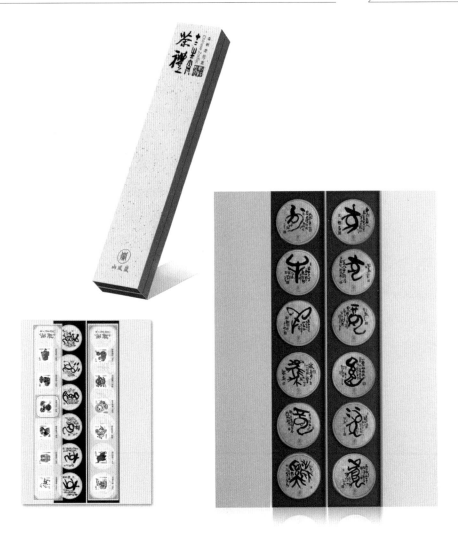

图 3.3 《十二生肖茶》包装设计
设计：郭湘黔、赖雪玲
灵感来源于中国传统十二生肖文化，以书法艺术手法去表现中国古代文字——甲骨文，外包装
则选用环保纸——茶纸，将茶叶沫融入纸张，呈现天然色泽的特点。

（3）科学包装，减少浪费

这是对包装环保及资源合理应用的要求，包括以下 4 点：

① 包装的标准化；

② 包装的轻薄化；

③ 包装的单纯化；

④ 包装的绿色化。

图 3.4 《尚品》红酒包装设计

设计：陈沛

从中国传统建筑中提取纹样然后加以改造，使之风格较为古典大气，主要针对主张品质生活的
高消费人群。

此套红酒外包装具有二次使用的功能。外包装有 6 套独立的纸夹板组成，上面刻有镂空花纹，
携带时外面用一根绳缠绕固定。使用结束后，4 页镂空纸夹板可以拆开组成一个桌面小屏风，
亦可抽出底板，放入灯泡，便成了一个简易灯罩。

（4）包装的尺度

包装的尺度主要表现在包装的印刷工艺和材料选用的控制上，针对不
同的商品，选用合适的尺度进行设计，避免不必要的形式和奢侈。

三、包装的人性化要求

包装的人性化要求即是指进行包装设计时需考虑到人的因素，这里指的不仅仅是静态的人，还包括人与包装产生行为的整个动态过程，除了物理性的行为外，还包括心理活动以及包装的社会因素影响。

1. 信息方面

（1）易识别的视觉传达；

（2）五感设计的协调；

（3）巧妙处理包装的问题。

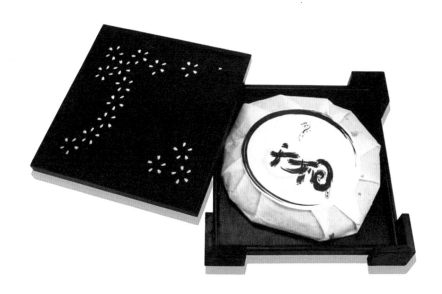

图 3.5　《天相茶》包装设计
设计：陈韬伊
课题名称：茶文化专题设计
包装虽小，但它始终蕴含并传递着企业的理念文化，当一个包装以绿色环保、可持续利用的姿态理所应当地进入大众的生活时，那么这个企业品牌也一定是成功了。

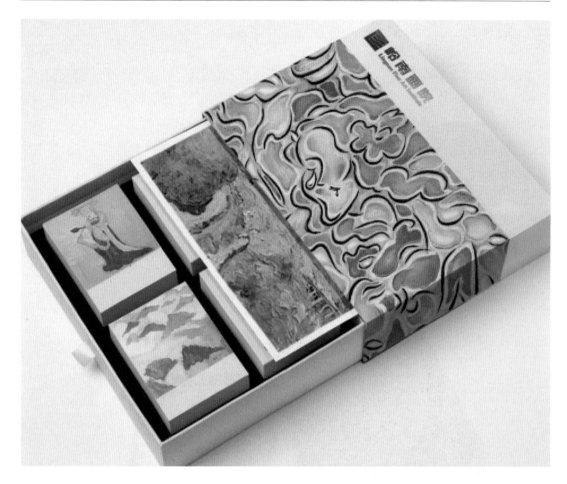

图 3.6 《岭南画院——画意》
设计：
画意礼品内容以艺术家创作的绘画艺术品为主，每一幅作品都是艺术家们的一种表达，他们风格各异，手法各不相同，都在表达或者抒发某种意境。艺术作品结合手工陶瓷杯垫，它是观赏的摆件，也是实用的物件。让画意得到延续和传播。

2. 使用方面

（1）包装应易开启易关闭；这部分的设计便要求设计师将消费者使用行为纳入整个设计过程中，对于很多包装为了保证其密封性和稳固性往往会降低包装的易用性，使消费者在使用时带来极大的困扰。

（2）方便携带：这考虑到消费者在购买产品后的携带方式。

（3）易使用：很多包装都是与产品同时出现在使用情景中，这就要考虑包装的多次使用，再密封方式等。

（4）用后易处理：这主要考虑到包装的回收或再利用方式，包括包装的材料是否可降解，便于回收处理，包装在弃用后能否开发出新的功能便于消费者二次利用。

四、包装设计的构成要素

1. 包装设计的结构造型

（1）包装结构的保护性

包装设计的最重要也是最原始的功能即是包装对产品的保护功能，一款产品需要针对其特性，选择适当的包装结构。

（2）包装结构的便利性

包装结构的便利性主要是针对消费者使用产品时可能遇到情况的一种考量，比如考虑到消费者从购买产品到回家的过程中是否便于携带等。

图 3.7 《观雨种子包装》
设计：张志锐
课题名称：品牌包装设计
销售"种"这个理念，目的是要受众群感知与行动，从一粒种子的行为中关注气候与贫穷与他们是有关系的，他们有能力去做出改变的。

图 3.8 《尚茶》包装设计

设计:

名称是"尚",有崇尚与久远的意思。"茶,尚茶,尚好茶"是这个品牌所推崇的一种生活态度,既崇尚好的的生活品质、又享受生活的意思。而在包装设计方面设计师主要体现的是简约时尚的感觉,并且这是一种符合可持续发展的设计。因为茶叶的容器包装设计师选用的是水杯的造型,在保持茶叶的干燥的作用之外,还可以在喝完水之后当水杯来用,茶香四溢。在中等杯子造型方面杯型设计师加了一个结构让两个杯子可以从底部连接起来,还配有迷你型的杯型,方便外出使用。

图 3.9 《老六堡》茶品牌设计
设计：郭湘黔、陈清良
用素描＋铜版画的技法，还原这张一百多年的老照片，同时也还原这段历史，素描与铜版画
是一种西画技法，用这种表现手法与中国文化结合，一方面基于老六堡本身的文化特征，另一
方面强化了品牌的原创性。

（3）包装结构的展示性

由于商品的销售不是单独一个品牌或商品放在货架上"展览"供消费者细细观摩，多数情
况下在货架上摆放着五颜六色的品牌和商品，产品的包装便相当于宣传广告，如何更好地展示
商品，快速地吸引消费者眼球显得尤为重要。

（4）包装结构的组合性

包装很多时候会涉及这种多产品组合贩售的模式，当一组产品容纳在一个包装里面，如何
防止商品间的直接冲撞，往往会使用到间壁、内嵌、分类单独包装的形式。这样的设计既有效
地保护了产品本身避免冲撞，又给予了单个产品适当的展示空间，同时体现了分类归纳意识，
便于消费者快速直接地寻找到需要的产品，避免了产品的混淆。

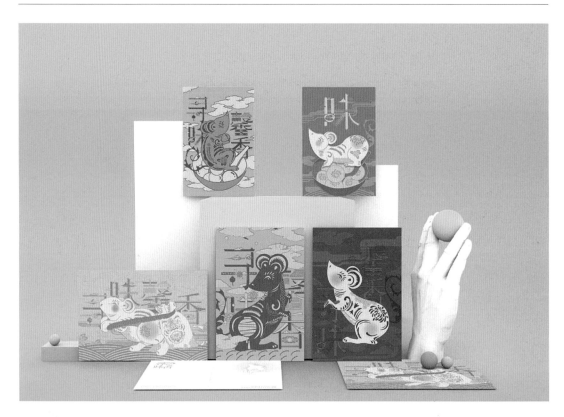

2. 包装设计的材质使用

　　针对不同的产品和品牌特性选用适当的包装材料显得尤为重要，同时不同的材料会给消费者不同的感观，很多时候材质对包装美感和价值的提升是无可替代的。

（1）纸

　　包装材质中纸的应用最为广泛，由于其造价低、加工易、品种多、便于折叠存放等特点，一直是大多数包装材料的首选。优势：造价低廉、便于印刷、品种繁多、塑形能力强等。

图 3.10 《寻味馨香》品牌设计
设计：马远志、黄晋豪、唐巍东
将春节年味元素与香薰文化相结合，字体设计结合烟熏飘渺的感觉，强调年味的同时，在包装上将传统和当代相结合，创作一个充满年味特色的香薰产品。

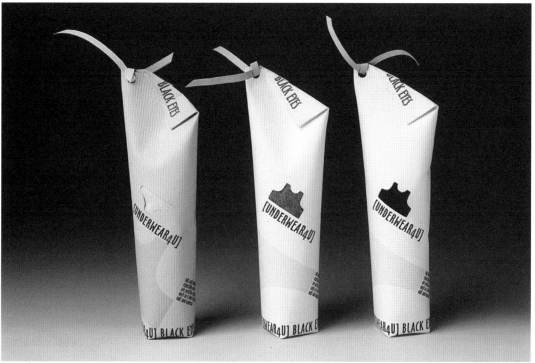

图 3.11 《卡洛儿》化妆品包装设计
设计：申雪
课题名称：品牌包装设计
采用纸结构异型的造型完成包装。

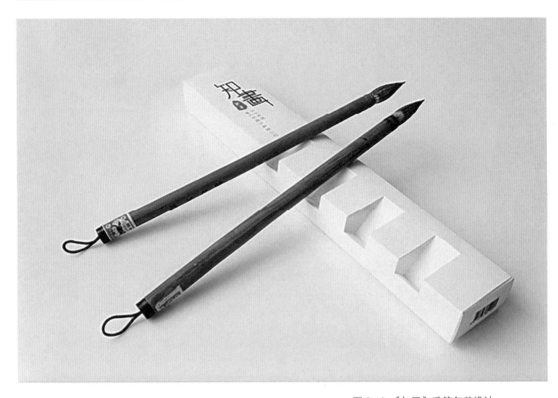

知 画
—————— 毛笔包装设计

图 3.12 《知画》毛笔包装设计

设计：李巧

"知"意味知音、知道，"知画"就是了解国画，是国画的知音，包装材质是纸，上面切有几个条形，在使用毛笔岭的时候，包装盒可以用来放置毛笔，充当笔架，同时也表现了包装盒是作画人的知音。

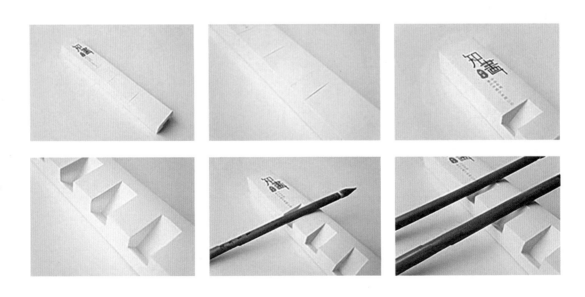

图 3.13 《品茗坊》茶包装设计
设计：魏启翀
课题名称：茶文化专题
采用古典风格来进行整体的包装设计，
呈现出沉稳大气的气质。

（2）金属

　　金属材质在包装中的使用一般以装饰点缀或小部件为主，与其他材质配合使用，全金属材质的包装比较少见。金属容易成型，对包装设计物的造型很有好处，不同的金属材质往往也会表达出不同的情感特质。

　　金属材质的优势是：易加工、坚定稳固、可长久保存，往往能给人以高档稳重的质感。

图 3.14 《喜》酒品牌设计
设计：品牌包装工作室
中国喜文化再造，特殊瓶形以塑独特之喜。

（3）陶瓷

  陶瓷材料的使用常见于白酒包装和某些传统的化妆品包装中，其一般硬度较高，陶瓷本身有较好的抗腐蚀性，不渗水，表层易着色，并且在某些品种烧制的过程中有着天然着色的特点，往往可以产生出乎意料的自然之美。

图 3.15 《旅行日记本》
设计：品牌包装工作室
运用牛皮纸作为材料进行设计。

（4）原生材料

　　这里讲到的原生材料，泛指所有未经加工或者仅仅是简易加工未改变过多材料外部特征的天然材料，如竹、麻、叶、植物茎脉、树皮甚至石头等。这些材料由于取自自然并未经过人为加工再制，其本身透着浓浓的原始自然粗犷的意味，并且是一种绿色环保的包装材料。

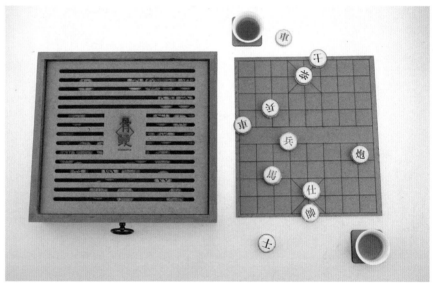

图 3.16 《骨鲠》茶品牌设计

设计：苏奇夷

独具特色的将茶盘与棋盘融入包装设计之中，包装极具环保特色。

（5）木质

木材相较于金属是暖性材料，常常能给人以温存、质朴、亲近的特质。由于木材本身的肌理效果明显，不同的木材其肌理效果有的细密，有的粗狂，有的色泽深沉，有的色泽白亮，有的木质坚硬，有的木质松软，所以一般对于木质材料的使用都会尽量保留其表面的肌理特征，不做过多的人工修饰。

图 3.17 《逆》宋河粮液酒包装设计
设计：王盈丁
课题名称：酒文化专题设计
运用水纹的元素为灵感进行包装设计。

（6）塑料

　　塑料是一种人工合成材料，塑性能力强，便于塑造成任何造型。质地轻盈，强度及韧性好，多有透明性，有光泽。着色方便不易变色，表面处理容易，精加工成本低于金属材料。但其缺陷也是显而易见的，低温容易变脆，高温容易变形，受环境影响显著。其最大的缺陷还是不易降解，对环境污染严重，且容易让消费者产生低廉不美观的心理情绪。

图 3.18 《一生道 l 佛心茶》包装设计
设计：品牌包装工作室
品茶是一种生活的享受，也是心与环境对话的媒介。品茶的宗旨是使心灵"至清导明"。所以
《佛心茶》提出的设计理念是"用茶参物，以茶拂心，乃得佛心，至清导明。"设计为了更有说
服力，以诠释佛性的梵文，阐明佛理的故事为主要元素进行展开，试图用外包装作为一种诠释
佛的方式唤起品茶者对佛的视觉经验，并且能够结合饮茶的味觉经验，从而能使品茶者与环境
沟通，与心灵交流。

（7）玻璃

　　玻璃是一种历史悠久使用广泛的包装材料，常用于液体产品的包装。
其生产成本低廉，塑形能力强，可以像钢铁般坚硬也能如丝绸般柔软，表
面加工工艺丰富。具有透明性、气密性、耐热性等特点。对于食品饮料的
保存功能良好，无任何污染，便于回收再利用。

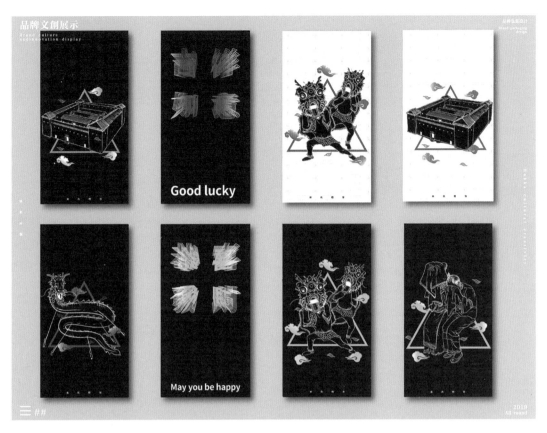

图 3.19 《来玖嘿客》设计
设计：叶福晓
从客家民俗、客家建筑两
大方面进行提取延展，对
客家文化与文创呈现年轻
化，融入当代流行元素，
简洁明确的设计形式。

图 3.20 《山海之间》包装设计

设计：李懿

课题名称：品牌包装设计

打造一个文具品牌，以学生为消费主体，科普《山海经》作为中国文化的瑰宝结晶，把山海经中出现的形象卡通化设计。

图 3.21 《东方魅用品包装》
设计：张浩林
东方、日出之方向、美、人之感官事物、东方女性感性而聪慧，东方魅的包装文字结
构与传统旗袍服饰结构相结合，旨在营造东方古典韵味的气氛，突出东方女性淳朴的
气质。

（8）皮革布艺

　　此类包装材质往往应用在某些高端的珠宝、服饰、食品等产品类别
中。由于皮革本身造价相对高昂，质地柔软，往往给人一种低调奢华的亲
近感。

图 3.22 《开新春》包装设计
设计：品牌包装工作室
运用新年元素进行插画设计，传承祝福文化。

3. 包装设计的图形表达

包装设计中的图形表现在包装的销售环节往往起着十分重要的作用，一款优秀的包装设计在图形环节上至少要满足以下几点基本原则。

（1）信息传达的准确性

包装上的图形需准确传达出产品信息，由于图形本身的抽象性特征，其并没有文字描述的准确性，但却是传达速度最快的一种语言形式，准确性对于商品来说就是"表里如一"商品特征、品牌形象、特别提示等功能信息，是设计师在设计时首先要考虑到的因素。

（2）鲜明而独特的视觉感受

在日新月异的商业化社会，每天有成千上万的新产品涌入消费者的视野，如何将自身产品与同类型产品相区别，快速抓住消费者眼球，这不仅需要设计师强大的视觉处理能力，也需要设计师对目标消费群的需求做出准确的表达。

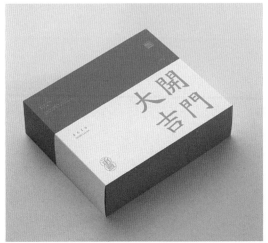
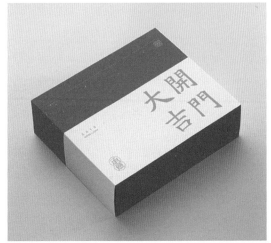

图 3.23 《承意》新年文创包装设计
设计：张艺馨
传承古意，将古代女性神话故事中人们所不知道的部分描绘出来，传承并赋予现今更多的含义。

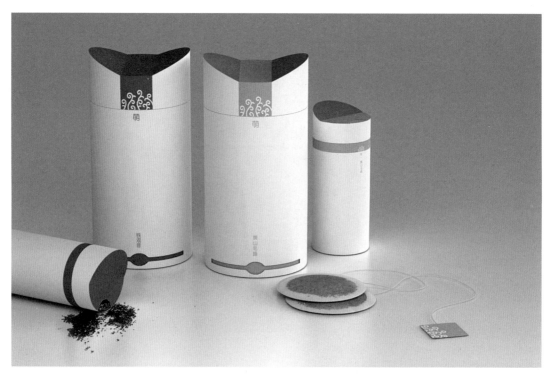

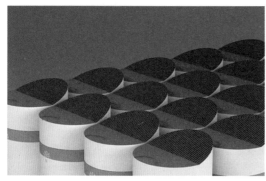 

图 3.24 《萌茶》包装设计
设计：罗文翰
课题名称：茶文化专题设计
采用颜色区别来进行分类的设计。

（3）空间布局的有序性

　　由于包装本身的尺寸所限，设计师必须在有限的空间里合理地安排众多产品信息，逐一筛选排列出各类信息的轻重缓急并将有序地安排在包装之上。而消费者在购买商品时往往已经有一个明确的心理期许和方向，准确地抓住消费者需求并研究消费者购物习惯更有利于设计师合理的安排信息布局，让消费者可以在短时间内锁定自己需要的信息，促成消费。

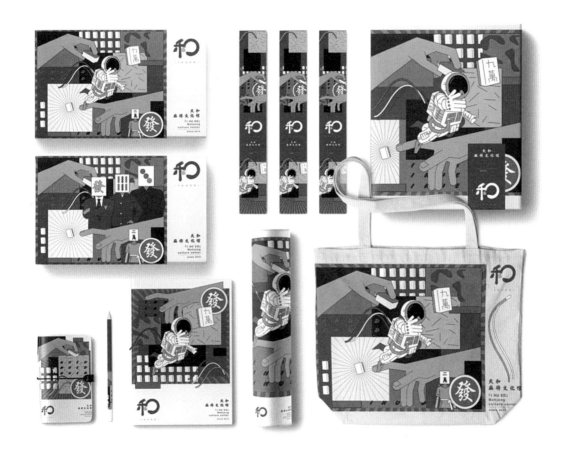

图 3.25 《和》文创包装设计
设计：凌宏岱
麻将运动不仅具有独特的游戏特点，还具有集益智性、
趣味性、博弈性于一体的运动，其魅力及内涵丰富、底
蕴悠长，因而成为中国传统文化宝库中的一个重要组成
部分。以插画的表现形式建造一个以麻将文化为媒介的
社区空间。

（4）图形的局限性与适应性

图形本身是抽象元素，在不同的环境和文化背景下，人们对于同一图
形的理解往往有着巨大的偏差，设计师在选择适当的图形语言时不仅要考
虑到销售环境的文化民族风俗、习惯、禁忌，也要注意适应不同的性别年
龄其审美品位的区别。

4. 包装设计的字体运用

　　字体跟图形一样，是视觉传达元素的重要组成部分。与抽象的图形元素不同，字体是一种表意符号，它能准确地传达出信息内容，同时在解读符号时具有很强的阅读流程和时间跨度。字体在包装设计中的应用十分广泛，它可以作为一种表象的装饰符号，也可以作为传递信息的媒介使用，有的时候两者兼具。包装设计中字体的使用必须符合以下 4 大原则：

（1）文字的适合性
　　所谓文字的适合性即是字体设计编排要符合品牌属性气质，将字体设计纳入包装设计的整体去考虑，不能与其他设计元素冲突。

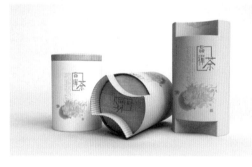

图 3.26 《品禅茶》包装设计
设计：潘建挺
课题名称：茶文化专题设计
茶是中国人民自苦至今待客、自饮、结缘、赠送等饮品茶。是中国传统文化史上的一种独特现象，也是中国对世界文明的一大贡献。茶与禅本是两种文化，在其各自漫长的历史发展中发生接触并逐渐相互渗入、相互影响，最终融合成一种新的文化形式，即禅茶文化。

（2）文字的可识性

文字最重要也是最基本的功能便是信息传达功能，在一款产品包装中，每个文字内容都承载着相应的信息需要传达给消费者，所以字体本身不能因为追求设计美感而牺牲辨识性。

（3）文字的视觉美感

在包装设计中文字作为画面的形象要素之一，本身也兼具着传达情感的职责，特别是品牌文字往往占据着包装最重要的视觉位置，它的美丑直接关系到一款包装设计的品位和气质。

图 3.27 《寻味馨香》文创设计

设计：马远志、黄晋豪、唐巍东

将春节年味元素与香薰文化相结合，字体设计结合烟熏飘渺的感觉在强调年味的同时，包装上将传统和当代相结合，创作一个充满年味特色的香薰产品。

图 3.28 餐具包装设计
设计：黄敏
课题名称：品牌包装设计
运用花的元素来进行设计，整体风格高雅别致。

（4）文字布局的合理性

由于不同的文字信息在主次和层级关系上均有不同，当设计一款包装时我们经常会接触到内容繁杂且数量庞大的文字信息，合理的文字布局可以有效地提高信息传达的效率，降低阅读疲劳度，从而使消费者更快、更好地捕捉到需要的信息并做出选择。

5.包装设计的色彩表现

　　色彩应用是包装设计不可或缺的一个环节，当我们将商品摆在琳琅满目的货架上，色彩往往是吸引消费者注意力的首要因素，不同的色彩应用对应不同的产品属性，色彩对消费者产生最直接的心理感受。

　　所谓色彩的商业性即是通过了解色彩心理学，利用消费者的行为习惯、文化背景及对色彩的本能感受与偏好，设计出适合商业消费的色彩应用。

图 3.29 《首贺新年》文创设计
2020 年是子鼠年，以"老鼠"为原型打造 IP 形象，中国有个成语——好事成双，于是本文以两兄弟的形式做出以下 2 个 IP 形象（"贺贺"和"新新"）。

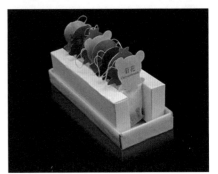

图 3.30 《闺蜜》花茶包装设计
课题名称：茶文化专题设计
运用茶杯的元素进行设计，整体风格清新可爱。

（1）生活经验积累对色彩认识的影响

当我们仔细观察生活中林林总总的设计时，不难发现一个有趣的共性，如科技类行业往往喜欢使用灰色、蓝色的色调；能源类行业往往喜欢使用绿色、黄色的色调；餐饮类行业往往喜欢使用红、橙、黄等暖色系为主的色调，等等。这些普遍使用的色调绝不是不假思索全凭设计师喜好的随意搭配，而是建立在对漫长的人类社会历史的生活经验积累而总结出的一种普遍性搭配。

人类对于色彩的普遍应用模式即是由人类对大自然最初的心理感受开始，通过成百上千年的生活应用积累产生的固定搭配，我们从出生开始接触到的林林总总的色彩依附在相应的生活领域中，从而使我们对某种色彩有着一种共性的心理感受和认知。设计师正是利用了这种普遍化的色彩感知，设计出相应的包装色彩。

图 3.31 《野逸男士护理》包装设计
课题名称：品牌包装设计
提取品牌首字母 Y 来进行 logo 的设计，整体包装风格大气成熟。

（2）文化传承对色彩认识的影响

  文化与历史带有明显的地域特征，它反映了一个族群或地域对某种事物的普遍性认知及特定的生活习惯和审美情趣。设计师在工作之初，都会首先考虑到目标消费群体的共性特征，而地域文化背景便是其中一个不可忽视的重要因素。举个简单的例子：如果以色彩来区分国家，中国必然会被以大红色来进行区分，原因便是红色是汉民族最喜爱且最常使用的颜色。追溯汉民族对红色的偏爱，我们会发现红色流行于周朝，并且在周朝被赋予了正统地位，在汉朝和明朝西朝都兴起于南方，南方为朱雀，所以在当时，国家政治和文化中都提倡用象征火的红色，红色文化便渐渐渗透到汉民族生活的各个领域。由此可见色彩的应用和认知带有明显的历史文化传承，设计师应用某种颜色时必须要重点考虑到色彩中文化的象征因素，特别是在以文化精神为主打的礼品包装设计中，色彩的使用更是要格外考究。

6. 容器设计

包装设计中会广泛接触和涉及到容器造型设计，例如酒类包装、化妆品包装、保健滋补品包装，等等，而容器设计与普通的纸包装设计不同，需要考虑到的因素更多，诸如容器材质、人机工学、内容物性质、机械性能等，所以在这里单独分出一个章节重点谈谈容器设计。当然容器的概念其实广泛涉及诸如餐具、杯具、盛放器具等，但这些更多倾向于产品设计的范畴，在这里并不列入我们的讨论范围，在这一章我们仅仅针对包装设计中的容器设计进行分类和梳理，以求让大家对包装设计有个更系统深入的了解。

（1）包装设计中容器的分类

不同产品类别的容器设计，由于使用方式，内置物属性，受众人群的不同，在设计时都会有一定的共性区别，在这里我们将简要介绍一下每个类别的容器在设计时需要注意的问题，供大家作为参考。

① 酒类容器设计

酒类产品经常被作为礼品进行馈赠，由于其本身的价格较高，又具有极强的品牌特征和文化内涵，对于包装的设计感要求也较高。

主要分为白酒、洋酒、红酒、啤酒、果酒 5 个类别。而在此仅以代表东方特色的白酒和西方特色的洋酒与红酒作为礼品包装容器设计的代表进行介绍。无论洋酒、白酒，由于酒本身需要长期储藏的特质，所以酒瓶必须具备很好的密封保存效果，所以在容器的材料及透光性上需有相应的考虑。而在使用过程中如何方便人在斟酒时更稳妥地抓稳酒瓶，控制酒的流速，这就必须在瓶身和瓶口的体积形态上作出相应的调整，酒瓶在此不单只充当一个储藏的器皿，同时也是斟酒的器皿。而酒类产品本身具有较强的历史文化属性，也便于设计师从历史中挖掘相应的酒器或者古典元素运用在容器造型之上。

图 3.32 《7 度葡萄酒》包装设计
设计：关子福
课题名称：酒文化专题设计
奖项：荣获广东之星一等奖
采用现代化的设计风格呈现。

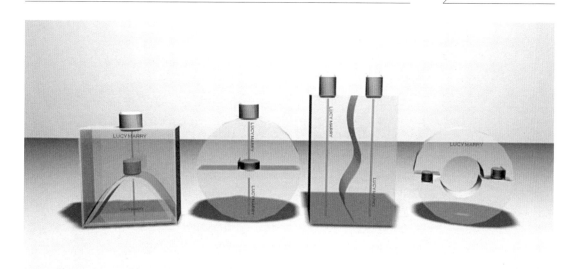

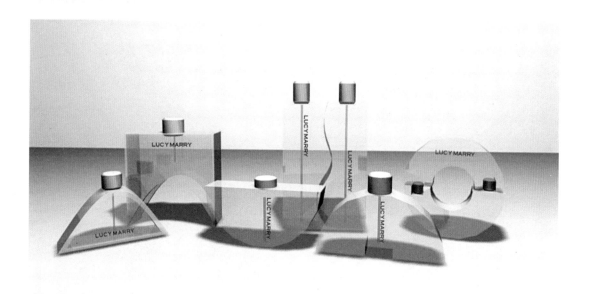

图 3.33 《情人节礼品包装》
设计：罗志高
课题名称：品牌包装设计
采用透明的材质来进行瓶身的设计。

② 饮料调料容器设计

主要包括矿泉水、果汁、汽水、调料等饮用食用产品包装。此类产品的售价一般较酒类产品低廉，同时基本会在短时间内饮用完毕，不具有储藏价值。在使用过程中经常是随身携带，所以在设计时需考虑到容器的便利性和容量，用最少最实惠的用材盛装最大量的液体，符合此类产品的经济效益和一次性特点。另外怎样的容器造型便于手掌抓握，介于液体本身的色泽或无色，容器的材质、用色该如何把握才能充分地体现产品美感和质地，这也是设计师考虑的重点。

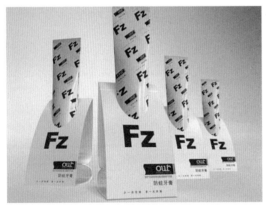
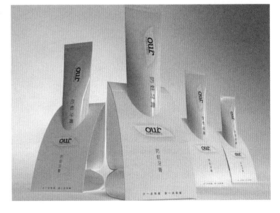

图 3.34 《旅游清洁套装》
设计：涂晗
课题名称：品牌包装设计
整体的包装设计采用清新的渐变色，风格淡雅质朴。

③ 化妆品容器设计

　　化妆品一般的使用周期为半年到两年，内容物一般以膏体和液体为主。由于玻璃本身受重量和易碎的限制，一般的化妆品多使用塑料、玻璃或复合性材料进行设计。

（2）容器设计的三大原则

① 保护性

容器作为与产品直接接触的器皿，其具有储藏和使用功能，在设计容器时首先需要考虑的是容器对商品的保护功能，比如很多酒类、香水类产品，由于其易挥发的特性，又往往需要存放较长时间且反复使用，在设计时需要考虑到瓶盖封存的方式是否严密；瓶口的弧度是否利于有效地控制液体流出，避免不必要的浪费；瓶身本身的材质是否会与内容物产生化学反应，是否易碎；在使用时是否有便利的抓握处使人更好地把握容器，避免脱落，等等。

② 功能性

所谓功能性即是指容器使用的便利程度及使用时的安全系数，这方面设计与人机工程学有紧密的联系。如很多矿泉水瓶身的设计会加入许多平行的凹凸面或其他纹路，其一是具有装饰意味，其二便是考虑到增加手掌与瓶身的摩擦力度，减轻手掌的握力，同时避免瓶身由于过度的握力而变形；有的瓶身设计甚至直接引入凹面的手指造型，不过这种设计同时会产生一个问题就是不同人的手掌大小有异，手指的间距长度不同，瓶身的凹面是否可以适应不同人的尺寸，如果不行便会造成使用时的不适感，降低便利性。从安全角度考虑，一般的瓶型设计都会尽量避免锋利的锐角出现，在瓶角做圆滑处理。

③ 审美性

由于液体产品无形无色或色泽透明的特点，产品本身是无法脱离容器单独使用的，不同于一般的产品包装会随着包装的拆封直接弃用，容器会伴随着产品直至其消耗殆尽，所以容器的审美功能便显得尤为突出，如瓶身的形态、材质的透明度、色彩及加工艺、瓶身的装饰纹理等都是增强容器美感的重要因素。

7. 包装的印刷和打样

　　当我们的包装设计完稿之后，很快将进入最后的印刷阶段，设计师常常会来往于印刷厂和公司之间，监管样品的印刷效果，不停地修改设计，才能最终定稿并投入生产。作为包装设计特别是礼品包装设计，印刷工艺对最后成品的实现效果往往起到举足轻重的作用，包装的选材，以及不同的材料对应不同的工艺最后都将呈现不同的印刷效果。由于显示器的显色模式是RGB模式，跟一般的四色印刷在呈色上有明显区别，包括许多印刷工艺如UV、烫金、凹印等对印刷材料的纹理、厚度、质地等均有不同程度要求，所以我们仅仅以屏幕上的成像去判断最后的成品效果而不了解印刷工艺和流程无疑很难实现好的设计。

印刷工艺介绍

① 覆膜

　　定义：将塑料薄膜覆盖于印刷品表面，并采用黏合剂经加热、加压后使之粘合在一起形成纸、塑合一印刷品的加工技术。

　　分类：覆膜分光膜和哑膜两种。

　　特点：覆光膜的产品表面亮丽、表现力强，多用于产品类印刷品，覆哑光膜的产品表面不反光、高雅，多用于形象类印刷品，并且覆膜后的纸张防水、防潮、不易掉色，在包装设计中经常会使用到覆膜工艺。

CONCEPY 包装概念

透明的真实感

图 3.35 《CLOUDS》面膜包装设计
设计：陈婳、梁水养
CLOUDS 灵感源于一个女孩追求美丽的梦想：用最天然的配方，还肌肤健康，推己及人，让健康的护肤习惯成就你的美丽。CLOUDS 从"云"中汲取创意，云是自然界中最基本的存在，它轻盈、通透，代表纯净、质朴。全线产品的主要成分均提炼自大自然。绝对安全的天然成分，为你的肌肤带来健康的透明感。

图 3.36 《响水大米》包装设计
设计：陈淑君
响水大米历朝以来为贡米，专供皇室所享用，可谓粒粒金贵。该包装设计抓住了产品这一卖点，
用最为直接地方式把响水大米的高级、珍贵以视觉、触觉的形式展现出来，无需过多华丽宣传
语句，一个符号便可传达一切信息。而极简又带有东方韵味的设计风格也正迎合了品牌内涵，
蔓延传承这一品牌理念。

② 烫金／烫银

定义：借助于一定的压力和温度使金属箔烫印到印刷品上的方法。

特点：有金属光泽，富丽堂皇，使印刷画面产生强调对比。

适用范围：适用于非常突出的文字或标识，多用于样本、贺卡、请柬、
挂历、台历等。

注意：配合起凸工艺能产生更为显著的效果；可以产生的色彩除金银
外，还有彩色、镭射光、专色等。

图 3.37 《出戏》文创包装设计
设计：黎桂岚
以桂剧为主题作为其文创产品和一些礼盒周边。

③ 压凹

定义：利用凹模版（阴模版）通过压力作用，将印刷品表面压印成具有凹陷感的浮雕状图案（印刷品局部凹陷，使之有立体感，造成视觉冲击）。

特点：可增加立体感。

适用范围：适用于 200g 以上的纸，肌理感明显的高克重特种纸。

注意：配合烫金、局部 UV 等工艺，效果更佳。若将凹模版加热后作用于特种热熔纸将会取得非同寻常的艺术效果。

④ 起凸

定义：利用凸模版（阳模版）通过压力作用，将印刷品表面压印成具有立体感的浮雕状图案（印刷品局部凸起，使之有立体感，造成视觉冲击）。

特点：可增加立体感。

适用范围：适用于 200g 以上的纸，肌理感明显高克重特种纸。

注意：配合烫金、局部 UV 等工艺，效果更佳。

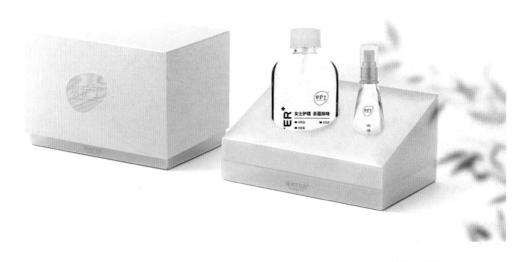

图 3.38 《水护士》包装设计

设计：陈清凉、赖雪玲

水护士，延续水的善美，利万物而不争，超越对获利的期望！用平常之心，关爱你、我、他，分享真、善、美。

⑤ UV（紫外线光胶）

定义：将紫外线光胶满版或是局部固化在印刷品表面的特殊工艺。

特点：能够在印刷品表面呈现多种艺术特效，令印刷品更现精美。

注意：如果采用膜上 UV，则需要采用 UV 专用膜，否则 UV 更容易脱落、起泡、开胶等，配合起凸、烫金等特殊工艺效果更佳。

图 3.39 《手撕相本》文创设计
设计：品牌包装工作室
运用手工纸作为材料，让记忆留存于我们心中。

⑥ 压纹

　　定义：利用雕刻纹路的金属辊加压后，在纸张表面留下满版的纹路肌理。

　　特点：用普通铜版纸实现特种纹路的效果，装饰性强，风格独特。

　　种类：梦幻石、珠玑、粗布纹、细布纹、月牙纹、金沙纹、毡纹、皮纹、梨纹、彩宣纹、条纹、金丝纹、莱妮纹、陶纹、编制纹、金叶纹、竹丝纹等，数量繁多，篇幅有限，上述为常用纹理。

　　注意：定制有企业标志的金属辊压纹，能够取得非常直观的防伪效果。

图 3.40 《NUT》品牌设计

设计：品牌包装工作室

运用插画的元素进行图形创作，呈现出满口都是祝福、满眼都是喜悦的新年氛围。

⑦ 专色印刷

定义：通过调整油墨比例而形成一种特殊要求的颜色（此颜色通过四色印刷难以实现），或购买 PANTONE 油墨用于满足客户某一指定颜色的印刷。

特点：专色印刷色彩饱和、无网点，其色彩非四色混合所能达到。

适用范围：A—标识、标志、VI 标准色等；B—客户指定要求的颜色。

注意：在印刷前需要提供专色色号以便追色，能提供具体色值更佳。

⑧ 丝网印刷

定义：印刷时通过刮板的挤压，使油墨通过图文部分的网孔转移到承印物上，形成与原稿一样的图文。不受印刷品材质、弧面的影响，最大印刷面积较其他印刷方式更大。

特点：不受承印物大小和形状的限制，在球面、平面、曲面，不规则形状上均可印刷；墨层覆盖力强；适用于各类型油墨；耐光性能强，印刷不干胶时不用额外覆膜。

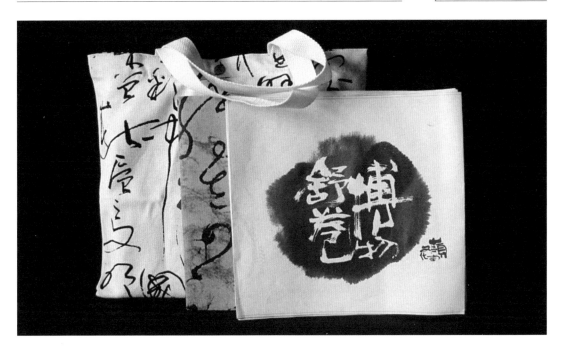

图 3.41 《写意岭南主题邮册》
设计：郭湘黔
写意岭南主题邮册是为广州亚运会而设计的一本纪念邮册，整本邮册的邮票精选了中华人民共和国成立以来带了岭南元素符号的邮票组成，在视觉设计上以原创水墨和书法贯穿，整体内容体现岭南文化特点。被广州亚运会组委会选为官方指定礼品，2014 年荣获中国国家包装奖。

适用范围：除纸质印刷品外，玻璃、陶瓷、金属、木材等特殊材料均可印刷，常用于包装品的印刷。

⑨ 不干胶

定义：干胶也叫自粘标签材料，是以纸张、薄膜或特种材料为面料，背面涂有胶粘剂，以涂硅保护纸为底纸的一种复合材料。

特点：由于平时的作业打样无法使用丝网印刷，当我们需要在非纸类材质上呈现设计效果时，往往会使用成本低廉、制作迅速的不干胶来进行样品表现。

8. 包装打样注意事项

学生课程作业很难实现大批量的进厂印刷，所以一般都会选择快印店制作最后的设计成品，而这个环节往往也是学生最薄弱的环节。下文将针对学生在包装打样时经常出现的问题逐一列举并解答。

（1）电子稿

　　当我们拿去快印店打样前会形成初步的设计稿，而很多时候由于对印刷工艺和包装制作的不熟悉，学生的设计稿经常会出现色差，尺度不合、未留出血位等诸多问题，从而使最终的打印成品效果不佳甚至产生废品，大大增加了制作成本，消耗制作时间。为解决上述问题，在设计初始将源文件调成 CMYK 模式，此模式可有效地减少电子稿与最终成品的色彩误差；在初步设计包装结构时应打印原始比例的黑白设计稿，经过反复的制作修改，从而将折叠时产生的尺寸误差减小到最低；一般的快印店可打印的最大纸张尺寸是 A3 或 A3+，在设计时应预留至少 3mm 的出血位避免裁切到重要设计部分；一般快印店均提供基本的特种纸、哑粉纸及铜版纸，并附

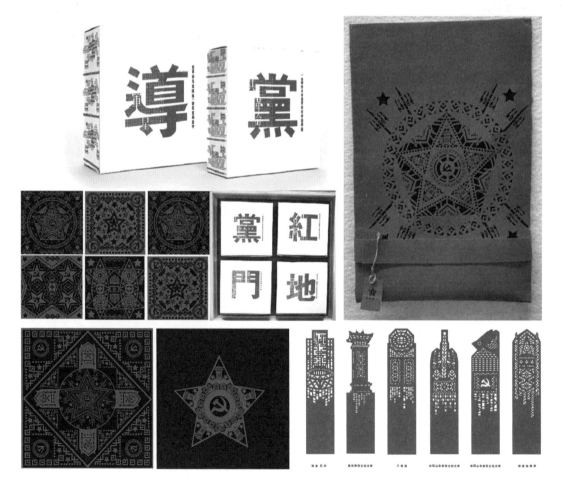

图 3.42 《红都赣南》文创设计
设计：李书婕
以革命诗词歌曲为文字元素进行设计让人们更好地回忆起当时的情景。
以江西赣南为切入点，收集瑞金和井冈山这两个重要景点的标志性建筑，并将这些景点图案化，通过设计的手法将它们变得更时尚。

有成品效果，在打印样品前应仔细比对各种特种纸的呈色效果并最终选适合的纸种；某些纸品特别是较厚的纸张在折叠时容易出现皱纹或色彩的损耗，此时一般会选择覆膜以减少此类问题发生；一般快印店均可接受 Jpg 文件进行打印，但由于打样时经常会出现文件不可读或结构尺寸误差等诸多问题，最好同时携带设计源文件以便及时修改。

（2）制作包装

一般性的包装通常可以由一张纸裁切折叠完成，在裁切时需注意包装抽插自锁结构部分的预留缝隙，缝隙过小包装无法完成自锁，缝隙过大包装容易松动，所以在制作细节上的考量尤为重要，最好在设计电子稿时将这些缝隙部分预留下来；而礼品包装往往会涉及结构复杂，盒形较厚的包装形态，此时往往会采用厚纸板制作结构，再用克度较轻的打样纸围合包裹，最终实现成品。在制作时需考虑纸板厚度，将其计算入裁切范围，否则将严重影响到成品的功能结构；涉及非纸品包装时往往会选用不干胶贴附在包装表面，而此时包装的表面弧度及材质的贴附性能均需考虑入制作问题中。

五、章节思考题

1. 作品是否提供了新的表现，令人耳目一新？
2. 作品是否表现出艺术感染力？
3. 环保型包装设计的市场意义？
4. 什么是一纸折叠的包装防护性结构设计？
5. 内结构空间布局的要点？
6. 包装后续功能化的意义？
7. 品牌核心与概念相符吗？
8. 概念可以用语言表达吗？

附：　纸包装结构设计课程教案

系：视觉艺术设计学院

专业方向：纸包装结构设计

班级：视觉传达设计

学生数：　　　人

课程名称	纸包装结构设计		周数	2	学时	40	学分	
教学目的与要求	本课程通过讲授与案例教学，使学生纸盒包装结构设计的基本概念，对纸包装材料的特征、性能、盒型、尺度的计算有一定的了解，结合具体设计课题，设定相关的作业手段，把握包装结构设计在实践运用中的作用，在实践操作中掌握教学内容。提高学生的纸盒包装设计能力。 教学要求： 1. 学生独立完成课题作业，避免过分注重形式与技术而缺乏创新能力和思考的弊端。 2. 学生以所学的设计知识为基础，引入对品牌包装概念的理解，完成的作业既要表达概念，又要表现技能。 3. 注重思考过程，以互动的教学形式，训练学生的设计表达和沟通能力。 4. 在设计课题中，训练学生的审美品位、设计表现及市场意识。							
教学内容提纲	教学内容简介 第一周：认知 常用的基本盒型结构 管式纸盒结构和盘式纸盒结构 管式纸盒结构包装在日常包装形态中最为常见。大多数纸盒包装的食品、药品、日常用品如牙膏、西药、胶卷等都采用这种包装结构。 盘式纸盒结构一般高度较小，开启后商品的展示面较大，这种纸盒结构多用于包装纺织品、服装、鞋帽、食品、礼品、工艺品等商品的包装。 本周重点：以材料、包装形态、结构、开启包装方式等相关包装知识为出发点，让学生了解常用纸盒结构特点，以此展开课题训练。 第二周：表现 特殊形态纸盒结构设计 特殊形态的纸盒结构是常态纸盒结构的基础上进行变化加工而成的，充分利用纸的各种特性和成型特点，创造出形态新颖别致的纸盒包装。 本周的重点：通过作业，让学生了解纸盒结构的基本构成方法，并创造性的设计制作、套结构设计作品。							
教学方法手段与教具	一、讲课 二、市场调研、案例分析 三、作业辅导、作业点评 四、设计实操、作品推介 需采用多媒体教学器材（电脑、投影仪、影碟机等）							
作业题或作业量	作业量：1. PPT 完整提案 2. 一套不少于 3 件的结构包装（做成实物成品） 3. 分析认识短文 1 篇							
教学进程表	第一周	1	讲课 选题方向	第二周	1	讲课 制作方案	第三周	1
		2	收集资料（学生根据自己的选题，去资料室、商场，了解材料、型态、结构、功能等）		2	作业辅导		2
		3	整理提案		3	作业		3
		4	作业汇报（确定大方向）		4	作业辅导		4
		5	快题训练：结构创意发想		5	作业汇报、提交、总结		5
	第四周	1		第五周	1		第六周	1
		2			2			2
		3			3			3
		4			4			4
		5			5			5
任课教师签名				系（教研室）主任签名			年 月 日	

（说明：原件由系教学秘书存档，复印件一份张贴于教室，一份报系（教研室）主任，一份任课教师自持）

作业：

主题：纸盒结构包装

选题方向

1. 多功能结构

2. 一纸成型结构

3. 易碎品防护性结构

4. 二次使用结构

5. 拟态结构

作业流程

1. 以抽签的方式确定小组

2. 根据选题方向收集案例与优秀作品

3. 创意发想，提出自己的创意草图 10 件

4. 了解纸张的性能与特点

5. 从草图中选 5 件制作成品，有品牌（可借用）视觉要素等

6. 整理作业（拍照、编排）

作业完成标准

作业文件夹内包括：

1. PPT 作业演示文档（作业需有简短创意说明）

2. 高精度照片

3. A3 版面

4. 不低于 500 字课程感想（word）

第四章

包装设计的发展趋势

一、发展趋势

1. 跨界设计

　　跨界设计是指2个或2个以上的不同领域的合作，即跨界合作。顾名思义，跨界有"交叉、跨越"的含义，这意味着基于跨界的设计注定是多学科、多领域的交融成果。这股跨界设计风潮正席卷着全球，并有可能成为一种新兴的设计方法和设计策略，就国内诸多制造商也纷纷将国外成功的跨界设计方法引入并成为普及的研发手段，在近乎一片喧嚣声中，跨界背后隐含的是更为深刻的创新原理，值得我们反思，它包含的各种创造性的突破方式也应该引起我们的思考与分析，只有将其核心实质移植为设计动力，才能使设计自身具有源源不断的生命力和可持续性。

　　跨界思维有助于我们将不同领域的风格及技术运用到时下的设计工作中，有时会产生激烈的创意碰撞和新颖的审美趣味。

2. 适度包装设计

　　在现代社会中，我们每天都在见证产品之间日趋激烈的竞争，包装设计不再仅仅是一种技术，它已经发展成为一种复杂多变的文化过程，并由消费者对消费的需求以及市场产品日益激烈的竞争所决定。因此，发展一种新的设计或是重新设计已有的包装需求是一种清晰的战略途径以保证产品和企业品牌的价值增值。

　　包装设计的发展转变的过程，看似是设计师在创造，消费者逐渐接受的过程，实际却是消费者生活观念和价值观的转变才是设计师创作新包装的动力和基础。当我们看到越来越多的"简约包装设计""适度包装设计"出现在市场中时，这正是说明消费者关心的是资源回收、生物动态和一个更加美好的世界。在时代推动下，适度包装设计无疑成为未来发展的趋势。

（1）"适度"不等于"简约"

　　我们每天都在使用、购买和扔掉产品的包装。虽然消费者不一定意识的到，但是永无止境的新包装设计在发展中离不开他们的选择，比如，看一眼自己的房间，为什么只要看到一直放在床头的那瓶香水包装就好像能

图 4.1 《沙湾茶》包装设计
设计：蔡占仁
课题名称：茶文化专题设计
采用简洁的风格进行包装设计，整体气质质朴高雅。

图 4.2 《黑茶》包装
设计
设计：张一般
课题名称：茶文化专题
设计
采用叶子的元素进行包
装设计，整体风格淡雅
大气。

闻到那股代表自己的香味？为什么偏偏会一直在使用一种品牌的沐浴露？客观地看待这些包装，消费者其实就是在选择适合自己的设计，这些选择同样也体现着人们生活的状态。常说包装设计是我们生活非常重要的一个部分，因此曾经有人把包装设计描述为"一个能够成为非常有价值的营销工具的特殊容器。"

"适度包装设计"一词的出现，表明着包装设计已经脱离了仅仅追求过度华美的视觉效果的取向，创造适合人们生活和发展的尺度包装才是本质和核心价值。"适"体现了包装设计应有的姿态，不需要过多的消费，也不可以出现过少的缺失，包装设计开始强调"刚刚好"的观念。

很多人认为适度包装设计和"绿色包装设计""简约包装设计"等同样关注自然、关注资源的概念是一样的，可是笔者认为，"适度"不等于"简约"，准确地说，设计过程中关注的"适度"和设计结果所呈现的"简约"并非具有必然的联系，如果面对一款面向高端市场的奢侈品，适度包装会强调在统筹产品销售策略定位的同时，设计出既符合消费者生活观念又不过度消耗自然资源的包装，而其结果也许是复杂多变的，并非一味追求简约包装。其实，两者对比，适度包装始终还是站在一个更高的角

图 4.3 《广州财富论坛》包装设计
设计：品牌包装工作室
外包装，岭南窗结合钱币的外型，内置产品：茶罐。第一种纹样是广彩上的纹样，第二种是广州创意吉祥纹样，第三种纹样设想，是商都十三行的纹样。
另外罐子底部都有特制受礼人的签名与手印，独一无二的专属设计。扇子为岭南特色粤剧扇子效果图，册子结合的是广绣纹样。

度思考包装，结果并非要求成体系和模式，而是从概念上提出了"适"和"度"的人性化思考，这是代表着包装设计走向一个"量身而定"的时代。

　　在包装设计发展的过程中，简约包装设计的确为人们的生活带来了不小的启示，从繁到简，也形成"此时无声胜有声"的极简观念，甚至人们习惯性地认为某些越简约的、越体现天然材质的设计所代表的产品就越是高档。简约形式的包装设计发展到现在，也开始出现"形而上"的惯性发展。设计师始终是在强调设计形式和结果，一味追求结果极简，而忽视了包装设计最终还是融于销售和市场，服务于消费者。这个过程中出现了很多缺少人性关怀的结果，这也是一种"失度"包装，其设计的结果也是经不起市场和消费者的考验，也是不能称之为"适度"包装设计。

　　"适度"包装设计既能充分地体现出产品的特质和价值，又能用最适合和安全的材料和设计更好地服务于人们的生活。不仅要满足少数人生活观念和自我气质吻合，更需要结合多方面因素长远考虑包装使用过程的合理性和可延伸性。在日益复杂的各种价值观的"尺度"中，包装设计的目标并非为了最美的结果，而是需要作出最对的取舍。

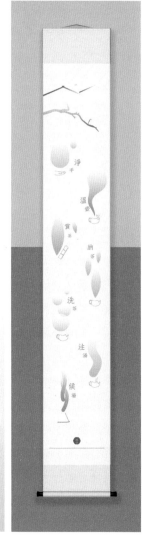

图 4.4 《一盏茶》文创
品牌设计

设计：陈淑君

本设计围绕仪式感的体
验与分享为中心，以中
国茶艺体验作为载体，
营造虚拟的茶艺体验空
间，为忙碌工作与生活
中的人们提供一个享受
艺术、享受生活的方式。
在茶艺体验空间中，受
众可在视觉上指引体验
传统中国茶艺的仪式感
之美，并且可将这种仪
式感体验以茶礼的形式
打包带走。视觉设计方
面营造出茶艺体验的静
谧之美、传统之美、诗
意之美，制造空灵、轻
盈的视觉感受，从视觉
上引导受众进入茶艺世
界。

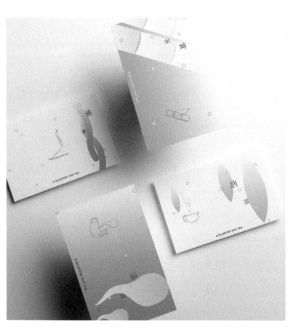

图 4.5 《清木典》凉茶包装设计
设计：孙汉
以广东传统花纹为辅助元素，大面积黑色衬托画面，以黑白为主色调的简约风格。

（2）适度包装最基本的问题

在过去，国内学院体系中包装设计是属于装潢艺术设计的课程内容，如今，装潢艺术设计或者平面设计已被"视觉传达设计"这一名称所取代。而现在视觉传达设计在西方世界学院中也被改名为交流设计，这个过程，似乎也在说明着目标决定设计的形态与服务形式，而包装设计，他们的目标多种多样，但是最主要的还是直指市场和商业。

20 世纪著名的商业思想者彼得·德鲁克认为商业具有 2 种功能——营销和创新。包装这一行业一直发展到现在，离不开商业和市场。在商人眼里，本质上说包装是一种营销工具，是受众在购买产品之前所看到的最后的营销信息。如果衡量产品是否放在零售商店销售，那么衡量产品是否成功就需要关注销售额和受欢迎程度等市场数据，而这些也同时反映着包装设计是否成功。在消费者眼里，拿起每一件商品时，包装就是他们手中产品最直白的自我介绍，无论是从视觉传达，还是触觉传递出的信息，立体而真实地展示和宣传着其中承载的产品信息。在设计师眼里，包装是一种载体，也是建立于商人与消费者之间的语言，内容必须真诚，而方式更需要考虑时刻变化的环境和市场。

这样一来，细心体会，包装设计所蕴含的智慧和所体会的概念都是在解决这样一个问题——如何在纷繁复杂的"无形市场"和"有形市场"中，吸引受众、取悦受众，甚至影响受众，同时完成完美的销售成果。

图 4.6 《寻味馨香》文创包装设计
设计：马远志、黄晋豪、唐巍东
将春节年味元素与香薰文化相结合，字体设计结合烟熏飘渺的感觉在强调年味的同时，在包装上将传统和当代相结合，创作一个充满年味特色的香薰产品。

当面对市场上现有的各种包装时，不难发现各种类型的商品和品牌面对不同的受众消费群，越来越细化的市场使得包装设计要考虑的因素越来多。同时，包装从保护、使用、遗弃，直到再利用整个过程中的合理性和多样性也逐渐被关注，这使得包装设计从整体定位，逻辑策划，直至细节调整，事无巨细，都要考虑到位。

适度包装设计从被提出发展到现在，其实面对的最大化也是最基本的问题正是包装市场化和创新实验性的平衡。

我们欣喜地发现无论是社会中设计工作室里的项目，还是各国学院中开设的设计课题，都为适度包装的开发和探索带来了很多实践成果，很多具有前瞻性和先锋性的设计被呈现出来，这使得适度包装在很多方面和角度都有所拓展，但是这些新的包装设计如果需要投入到市场或者成批量的生产线中，还会面对很多显示问题。例如有些再利用材料在成批包装运输中是否有很好的抗压保护性；有些新包装所考虑到的包装使用后的延展是否会增加成本；有些超前的设计在短时间内是否很难被消费者接受等问题。由此可想象，每一个包装设计从设计样品到大规模生产出来进入市场，其中也会因为提高效率或者减少成本等原因面临很多取舍，一些新的适度包装设计在观念上可能会超出消费者当前的认知，很难在短期内赢得市场，因此面临推翻或者改动。不少优秀的适度包装设计要完成商业化、市场化的转变，还有很长的路要走。

3.本土化的设计趋势

自 20 世纪 30~40 年代包豪斯开创了现代主义设计风格并于 20 世纪 60 年代的美国将其与商业化紧密结合，国际主义风格在全球各个国家蔓延开来。时至今日，国际主义已经深入到我们生活的方方面面，从建筑到产品，从广告到服饰，我们在享受国际主义标准化、大众化福利的同时，本土特色及传统文化也逐渐被大众所遗忘而走向消亡，如何应对全球化设计潮流的同时保存本土化特色，这是各国设计师都要面对的问题。

本土化的本质是从本土文化中吸收养分，并将之运用在设计工作中，这并不是简单地将传统元素生搬硬套在现代产物中，我们更需要做的是从传统文化的精神内核入手将其提炼抽象成可供运用的设计思维。在这方面同属东方文化的日本可以给我们不少借鉴，许多日本设计无论是建筑、平面、产品，其运用的材质，工艺设计语言往往都是现代化的产物，但我们不难从不同门类的设计中看到些许日本设计的共性（简约、自然、人性化、精致、富有灵气）并与其他国家的风格相区别。这些设计均是秉承着国际主义的标准化、大众化、减少主义的工业生产特质，在材质结构的选用上符合现代人的生活习惯和审美共性，却能从骨子里透出一种富有禅意的东方韵味，这不得不归功于日本设计师对于本国文化的深刻理解和崇拜，这种东方式的审美情趣和思维模式从生活的点点滴滴开始渗透进每个日本人的血液之中。

反观现今的中国设计圈，我们从表现和思维的全盘西化盲目推崇以及自身对本土文化的漠视和遗忘已经让传统文化日渐式微乃至病入膏肓，很多设计师由于缺乏对传统文化的深刻研究和理解往往在进行许多中国风设计时喜欢无节制地叠加传统元素，这便使设计流于表面，缺乏统一的文化认同感和系统化的设计思维，导致所谓的中国风设计良莠不齐，各自为战，难以形成整体深刻的本土设计风格。回顾中国历史上几次美学风格的变迁，我们不难发现，无论是何种艺术风格都与当时的政治文化思潮紧密结合，在不同的表现形式下有着统一的思想内核，从先秦的奇幻浪漫到汉代的仙风拙气，魏晋的"清瘦""宽怀"并举，隋唐的"雍容华贵"，"大度丰满"，宋明的理性简约、淡雅大气，清代的精、繁、艳、俗等，我们可以从每个朝代的设计表壳中寻到与当时的文化思潮和社会风气千丝万缕的联系。回到现今的中国设计，在寻求本土风格时我们便不得不从本国的文化内核入手，结合现代主义的设计思想，以功能为肉体、以审美为魂魄，将两者相结合，本土化是设计走向国际化的基础，国际化也是设计本土化的目标。在现代设计中真正的本土化作品应该是既蕴藏民族特点和精神，又融合着强烈的现代意识，以本土文化为源泉，国际风格为标准寻找其全球化的契机与动力。

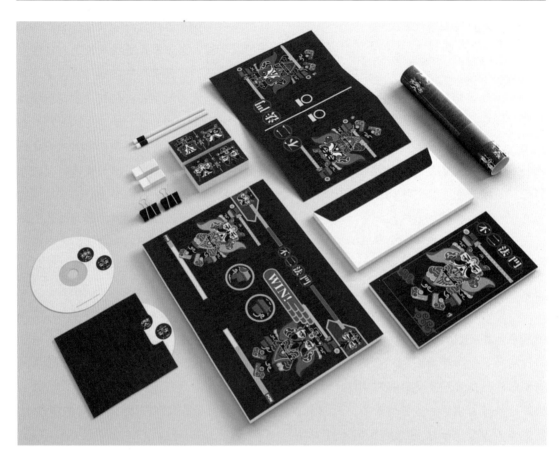

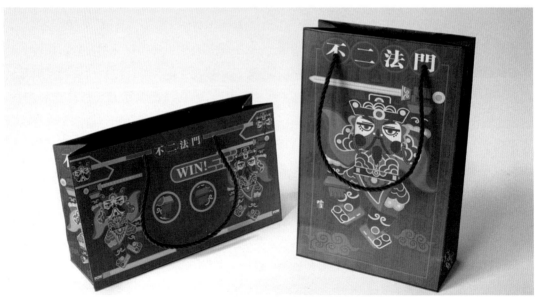

图 4.7 《不二法门》文创设计

设计：品牌包装工作室

提供给经常出差，独居的人的自我防卫产品，产品是门阻报警器。

图 4.8 《白花蛇》书籍设计
设计：吕婧宣、何芸怡、何芸怡
灵感来源《宪宗元宵行乐图卷》，
它构图严谨、笔法细腻，画面上
的宫廷院落巍峨壮观，各种人物
的情态、动作细致入微、繁而不
杂、多而不乱，它描绘的是明朝
成化年间皇宫里过元宵节的各种
情景，每幅场景都有宪宗皇帝在
场，他穿着不同的盛装，或站或
坐，表情安详，欣赏着元宵节的
各种活动。

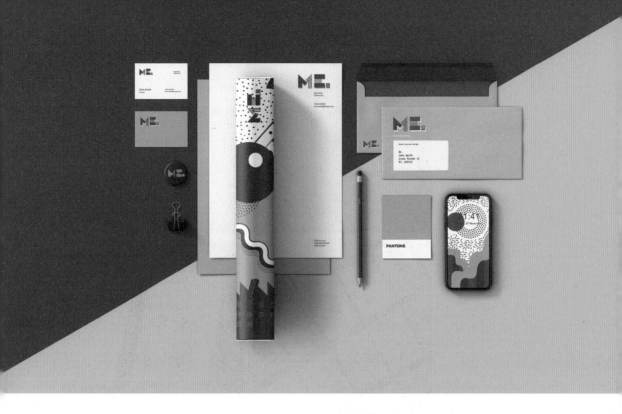

4. 强调产品和包装之间的互动性

　　众所周知，包装的存在不可离开产品，它是产品的外衣，亦或者是保护层，也是辅助使用产品的设计。包装和产品的关系一直都很明确，产品永远是最核心的那个部分。

　　在《新包装》中，看到这样一款设计，Katerina-Gabrielova 主持设计的 3D Calendar 项目是一款特别的设计，这款日历设计，包装与产品直接形成有趣的互动，消费者使用特殊的包装设计来标记月份，包装立马成为产品使用的一部分，这似乎已经模糊了产品和包装之间既有角色分配，又达到了包装使用后的再利用问题。如今的包装设计与产品之间的互动性也成为有意思的发展方向。这种发展趋势为适度包装设计的功能性和可利用性带来很多好处，这也可看作是多维度地思考"适度"包装的概念和价值。

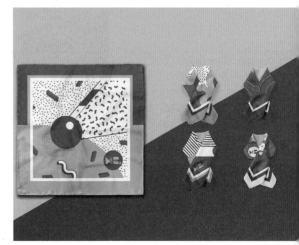

图 4.9 《ME·觅》品牌设计
设计：罗贝琪

设计以"孟菲斯"所运用的解构设计理念为新的切入点进行研究，剖析论述隐藏在其背后的设计理念实质上是对现代主义构建的理性社会进行解构设计，并得出在品牌包装设计领域的相应设计特征、思维及方法，从而达到品牌包装设计形象符号语义化的目的，满足当下消费社会时代下消费者的心理、品牌文化传播等需求。在对于"孟菲斯"解构设计理念的研究背景下，以"孟菲斯"的解构设计理念、反思性及批判性的思维，创立针对中青年的生活服饰品牌——《ME·觅》。中青年喜欢标新立异、反叛、个性、追求创新，最终正是在寻找自我、做自己，这种精神契合了"孟菲斯"的设计理念。英文"ME"（n.自我；自我的一部分）正是勇敢地做自我，谐音中文"觅"正是寻找自我，ME 亦是MEMPHIS 的前两位字母，保持与"孟菲斯"精神的联系，在传递"孟菲斯"精神的同时，亦是在展示自己在新的消费社会时代下有所反叛的理念以及所宣扬自己特有的主张及追求。

二、包装设计的整体概念定位及趋势特点

1. 带来巧妙幽默的包装

在西方包装设计作品中，很多构思出色的适度包装也博得了市场的青睐，其未必靠的是夺人眼球的视觉效果。在策划中运用了幽默或者情趣的方式将产品的气质表露无遗，在为人们生活带来乐趣的同时，也启示人们对待生活的思考。

2. 关注消费者个性思维和习惯

柏尼维克·冯·维尔丁多次强调"包装设计是一个非常复杂的领域，设计师必须在不同层面进行工作以获得好的结果。"通过包装设计把信息整合在一起组成一个情感上和实用性上能够与消费者在不同层次上进行交流的故事，这必须依赖设计师对人性的理解。

包装设计不仅只是关注他们包装产品的变化，更需要观察消费者多种多样的习惯变化，时代在变，周围的人也会跟着变化，人们思考和看待包装设计的方式也在变化，就好比过去选择品牌和购买产品时，人们未必会考虑到品牌产品是否坚持环保原则，可如今，人们认为"可循环""绿色"包装是美而高尚的，更多包装设计开始选择真实裸露自然而粗糙的天然材料，简易而细腻的结构设计，强调出产品和品牌在生活中真善美的姿态。包装设计关注消费者的个性思维和习惯，甚至很多创意设计都表现出纵容少部分消费者的个性习惯。这体现出对人性的尊重，更是最贴心的服务。

其实设计就是这样，并非新奇华丽的设计就一定是最好的，适合才是最真的标准。

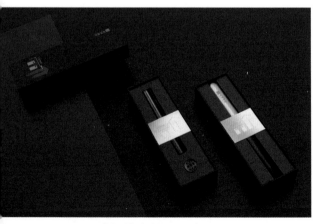 

图 4.10 《书香》文创包装设计
设计：陈清良
包装外形采用书籍的造型，寓意打开书，开启一段新的书写旅途，可以抒发、可以记录，把所见所闻，内心的话语记录收集。最后包装的外层用纸张包裹封上印戳，让这份礼物变得更加精心、更加尊贵。

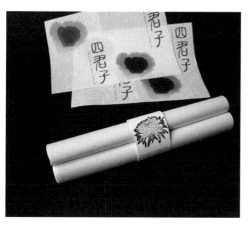

图 4.11 《DAWN》
文具包装设计
设计：许佳莉
课题名称：品牌包装
设计
采用花的元素进行设
计，让整体的包装显得
十分有气质。

3. 多种多样的产品化附加功能

　　包装除了满足基本的功能外，常常还附加了很多产品化的使用功能。适度包装设计中产品化现象正是跨界设计的又一表现。

　　"跨界设计"早已不是什么新鲜的词语，而在包装设计的发展中也有很多都出现了跨界的设计成果，包装除了满足其基本传达品牌信息、保护和展示产品等功能外，还出于延长它的使用寿命或者完成配合产品使用等考虑，如今的包装设计还附加上了很多类似产品的使用功能和价值。有时，一个设计作品呈现在人们的面前，很难判断出被包装的产品和外壳之间绝对的主次关系，甚至包装本身也转变成了产品的一部分。

4. 为了很多习惯而设计

　　值得兴奋的是，在一些西方设计师的构思中，我读出了很多对于人们坏习惯的新理解。什么是坏习惯？比如：有人喜欢随意在大纸盒牛奶撕个小口直接喝，而不是倒在玻璃杯里饮用；有些人喜欢收集各种各样的瓶子，却也不知道如何再使用它们。这些所谓的坏习惯也许只是个别，而这些特别的习惯为什么人们依旧坚持呢？这说明这些适合人们舒适生活，或者是形成人们从不同角度体验生活的方式。

　　如同大家常说设计是一个原理上进行配色与造型的工作，但是笔者感觉到大家对设计这个行为有误解的倾向，原本所谓的设计其实并不是这样的，"机能性"才是设计的原貌，而无装饰也是。所以在造型、包装、色彩皆过剩的时代里，去除造型与色彩不就反而会变成具有新鲜感了吗？

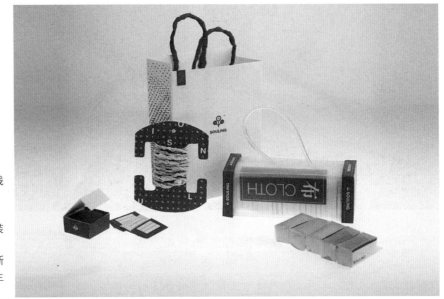

图 4.12 《便携针线
包装》
设计：郭芬
课题名称：品牌包装
设计
奖项：荣获第十届靳
埭强世界华人大学生
设计奖铜奖。

所以笔者就尝试着往这个方向去思考。就这样，稍具技巧性的包装，便引发了许多人的共鸣。消费者对于商品，并非只有物质面而已，也有喜好它背后所蕴含的思想的倾向。

从当代优秀包装设计作品的方方面面观察，我们可从中发现很多值得兴奋的转变，这其中蕴含着包装设计未来的发展趋势，更是对市场和消费者需求变化最真实的反应。

三、设计价值观的建立

设计是艺术与技术的结合，是以实现盈利为目的，满足消费者需求的一种社会行为。

设计师对设计价值的理解及其本身承担的社会导向和影响作用，对自我价值的实现和职业道德的坚持等诸多观念的看法，形成了设计师的设计价值观。正确的设计价值观不单会帮助设计师建立正确的职业道德、职业操守，从而更好地服务于大众，达到自我价值与社会价值的双重实现，同时对设计市场良性氛围的形成也起到至关重要的作用，有助于设计师的影响力及市场地位的提升。

1. 设计的社会价值

无论是何种设计，设计的最终目的便是满足人的生理或情感需求。在实现这个目的的过程中，商业运作扮演着合理分配各角色的资源和利益，实现设计的投产及使用，扮演着设计与消费者之间的纽带和桥梁。

设计的社会价值观至少包括以下几个方面：

图 4.13 《四季芬香》茶礼

设计：刘嘉慧

在包装设计上，提取四季中的自然生态之美，带给人们四季变化的意境及美好。四款内盒包装分别以春之嫣红、夏之青青、秋之橙黄、冬之蓝灰为四大主题。以四季的自然元素为概念制作，让使用者在饮茶中感悟四季的美好。

让您的旧物
焕发新的活力

LET'S NEOLD!

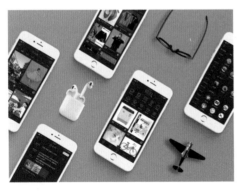

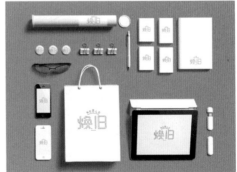

图 4.14 《焕旧》品牌设计
设计：黄佩佩仪

设计结合"焕"与"旧"两个带有相对意思的词，带来一种全新的概念作为品牌名称，采用明亮活力的橙黄色作为品牌色，用线条作为 Logo 设计手法，旨在打造更为年轻化的轻盈活力的品牌风格。海报设计方面，更细致地定位到了四种有闲置物品交易需求的大学生群体，并以此进行角色设计，旨在宣传品牌概念与产品用途，引导受众下载 APP 增加其使用率。APP 界面设计方面，图标延续了标志的线性风格，整体界面则是以深灰色为底色的无框界面，营造简洁而沉浸式的交互体验，用户可通过 APP 内社团功能与兴趣相仿的校友产生互动，更有可爱的品牌表情包为用户搭建更有趣的互动桥梁。品牌不仅具有实用性，更具有趣味性与互动性，符合共享经济的设计发展趋势。

（1）设计以人为本：设计的最终目的是服务于人，所以在设计时应不时将自己放在消费者和使用者的角度考虑问题，挖掘产品在使用中对消费者生理及心理上的影响。

（2）设计与环境保护：进入 21 世纪，设计的环保与可持续概念越来越深入人心，如减少塑胶袋的使用、反对过度包装的礼盒、降低工业产品的能耗等，设计师在诸多这些问题上都在寻求解决之道。从概念、结构、材料、印刷、使用规范等诸多层面入手，全方位地寻求利于环境、节省资源、可持续利用的设计产品，是每个设计师必须考虑的问题。

（3）设计对文化传播的作用：由于设计并不仅仅是技术层面的应用，它往往结合了大量艺术与文化层面的东西，所以也承担着文化理念及社会道德的建立及传播的责任。

2. 设计是商业行为

任何设计都必须经过策划、生产、宣传、销售等诸多商业运作才能最终实现设计师价值的转化，设计不同于艺术的根本区别也正在于其目的是服务于他人，而不是设计师自我价值的实现，失去众多市场角色的参与设计便仅仅是虚无缥缈的空中楼阁没有了存在价值。

首先我们需要明确的是，设计是一种商业行为，它需要众多职业合作和商业运作参与才能实现价值，设计师只是众多要素中的一员，设计本身始终是一种服务性质的商业要素，并不能单独决定一款商品或公司的成败，但却是商业活动中不可或缺的"药引子"或者"催化剂"。了解了这一点，我们便可以站在一个更高的商业维度看待设计，了解设计的前期策划与后期执行的各个要素，并开始有目的的涉猎商业社会的各个环节，从而更好的理解客户需求和商业规律并最终实现一款优秀的商业设计。

3. 设计对设计师的价值实现

我们说设计是为他人而生，是一种商业行为并需肩负起一定的社会责任，但这并不代表设计师不能有个性化的诠释和艺术情趣的追求，恰恰相反，但凡优秀的设计师往往都带有强烈的个人风格印记。

当一个设计师开始有一定倾向的个人风格印记时，他便有意识或无意识的开始建立和传播个人化的品牌形象和品牌理念，当设计师自身成为一个品牌，并形成了一定的簇拥人群，那么他在市场中便逐渐开始拥有议价权及关注度。

四、包装设计与周边学科的交融趋势

随着当今社会经济与文化的发展，设计越来越多的面向大众化，并渗透到生活的各个领域，它们或产出产品、或服务企业、或优化环境、或传播文化，包装设计与其他学科的交融联系得越来越紧密。时至当下，我们讨论设计、研究设计、从事设计，越来越不能将其作为单一的学科来孤立看待。

包装设计涉及营销学、传播学、社会学、人机工学、心理学、材料学、文化艺术。包装设计最终的成果是确保设计最终成为消费品进入市场流通，期间需要多个市场环节和从业人员的通力合作，所以作为从事设计或学习设计的我们，应该对设计的上下各个环节有一定的了解和兴趣，这并不意味着我们需要研究有多深入，但是一定程度的了解和关注能使我们具有更敏锐的市场意识。

1. 包装设计与市场营销学

市场营销学又称市场学或营销学，是研究市场运作及流通，分析市场规律以管理或指导企业运作和产品销售方法的社会学科。众所周知，设计是艺术与技术的结合，而设计的根本目的是指向销售，只有在市场中获得利益，设计才能体现其价值。

从上文中我们不难看出，设计与市场的关系：设计是手段，市场是目的。而作为设计师，如果我们不了解营销学的基本思路及概念，就很难准确地分析市场部提供的数据及需求，不理解其制定的方向及策划思路，无法设身处地地站在消费者或客户的角度思考他们的需要，从而便无法设计出客户满意的方案。

图 4.15 《止间》品牌设计
设计：罗仙凡
"止间"即是保存的时间、截止
的时间。"止间"的品牌定位是
"一个关于时间又不止时间的牛
奶品牌"。品牌特色是"用色彩
变化显示时间"。从天文学到物
理学甚至到考古学等学科都有
研究者在不间断地进行着关于
时间的探索，对于时间的解释
至今都无法有具体的定义。而
对于我们人类时间不只是数字
的变化，它更是生命的变化。

2. 包装设计与传播学

传播学是研究人类一切传播行为和传播过程发生、发展规律以及传播与人和社会的关系的学问，是研究社会信息系统及其运行规律的科学。简言之，传播学是研究人类如何运用符号进行社会信息交流的学科。包装设计除了保护商品在流通的全过程免受伤害外，还有一个更重要的功能便是传达商品信息，这其中涉及对图案、文字、色彩、材料等方面的运用都会潜移默化地影响到信息传播的准确性和适合性。

如果我们从传播学、符号学的角度入手便能形成一个系统而有逻辑可循的设计方法论，以传达作为视觉设计的目的更加准确地了解消费者心理及行为习惯，以符号作为手段简化不必要的装饰及表现增加传达的力度和准确性，以媒介作为传播的载体，选择更适合设计的表达途径或手法。

3. 包装设计与心理学

在人类千百年的历史长河中我们总在寻求用设计的方式解决生活中的各种问题，其中既包括满足人类功能方面的需求也包括满足人类情感方面的需求。设计或者工艺美术在很早之前就已经开始注意到事物对人心理情感的作用，并通过颜色、材质、性状、布局等方式来满足或者弱化某种心理感受，而在当代设计中，心理学知识越来越多地被应用到设计的研究或实践当中，并逐渐演化成一种新的交叉学科——设计心理学。

就包装设计而言，如何合理地应用各种设计元素来促使消费者产生某种心理从而促进产品的销售显得尤为重要。

4. 现代消费者行为下的智能化包装设计趋势

在如今生产同质化的时代里，现代消费者消费的主导性由单一化转向多样化，消费者的消费行为也随着时代变迁、科技的进步比以往更为丰富和多样化，以前单一的以功能实用主义为诉求的产品早已不能满足现代消费者的消费欲望，智能化这一主观因

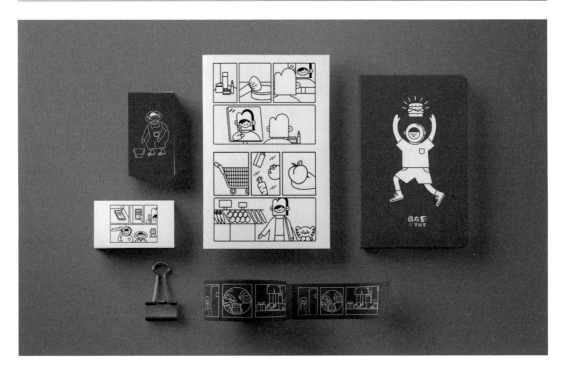

图 4.16 《自在实验室》品牌设计

设计：陈婳

主题定为："一个人的好生活"，用极简的线条来完成连环插画。简单的东西反而更容易深入人心。插画的内容则是独居的面包女孩和朋友们的玩乐一天，品牌想要传达出每个人都可以有自己想要的生活方式，不用拘泥于所谓的规则或是限制。而"自在"同时也对应产品，你有什么样的功能想法，这本笔记本都可以尽量实现。

素在当今的设计中起到举足轻重的作用，设计师更应该吸取新科技技术的成果，在设计上不仅融入更多的包装形式、结构、色彩、材料等，还应考虑智能体验感，以人文为本的设计概念。如今，具有实用价值性、新奇个性化、互动体验感的智能化设计，才能增强消费者的情感互动，赋予设计更多的心理层面实现的意义，只有创作出让消费者为之感动，使之亲和的设计，才是更加符合现代消费者心理变化以及日益变化的时代定律的设计。

（1）现代消费者对智能化包装设计的认知

　　智能化包装设计其实在现代消费者心中更像一位懂消费者的"包装机器人"，智能化包装着眼于以人为本的创新设计，通过对新科技技术融入符合现代消费者行为习惯的表现手法去设计出符合现代消费者购买动机的产品包装，利用自身的智能功能加强商品与消费者之间的情感交流，这样使得产品的包装不再是以前传统包装的基本功能，相反，智能化包装部分更像产品中不可分割的一部分，缺少了便不完美。

（2）感知——现代消费者对智能化包装的需要

　　感知，是人们用心来诠释自己身上的器官接收的信号。消费者对智能化包装的认知过程也是从感知开始，消费者在认知的活动里，不再是被动选择接受，而是会加入更多人的主观内部心理因素与客观因素。商品包装的基本信息、图形、文字及造型，对消费者来说，都是一种"视觉元素"的客观因素物，而这些客观的因素物必须具备新奇形象特征才能引起消费者的感知，而智能化包装正是以新颖特别来吸引消费者，使得智能化包装渐渐变成了现代消费者的需要所在。

　　消费者对智能化包装的感知方式可以通过视觉、听觉、触觉等去感知。视觉感知，是对包装最直观的视觉感受，设计师可以利用视觉冲击强的图形、醒目的文字元素以及特别的材料等对消费者进行引导和互动。让消费者在这个过程中快速建立对该商品的感知，并留下深刻的印象。听觉感知是指消费接触商品后，通过听觉刺激来感知包装带来的互动感受，而智能化包装正好可以使消费者享受这种感知，听觉的感知容易拉近与消费者的距离，仿佛整个包装带有生命一样。触觉感知是指消费者在接触包装时，其材料所带来的特别的心理感受，能带给消费者新的触觉感受。

（3）满足——现代消费行为下智能化包装发展的因素

　　智能化包装设计的发展无疑需满足消费需求层次的不同，而消费需求的层次也影响着智能化包装发展。科技的进步推动智能化包装的产生与发展，而新型材料的研发使用也使得智能化包装设计更加丰富，如果包装单纯在外观视觉上有所变化，本质上却没有跟随现代科技的步伐以及满足当下消费者行为所做出应有的改变，那么在不久的将来，包装是否能迎合人们的生活节奏以及为人们提供方便快捷的享受就不得而知了。

　　综上所述，消费者对智能化包装的认知过程中可以分为两大方面，一是感性的认知，这是消费者通过认知对智能化包装需要的理性满足，这是消费者在现代消费模式下做出的理性决策行为，从而诱发的购买欲望。通过对现代消费者对智能化包装的认知过程的了解与分析，可以得知智能化包装对于抓住消费者心理从而促进购买行为的产生是带有积极作用的。

图 4.17 《闺蜜私语酒》包装设计

设计：郭小诗、刘璐

荣获"2013 中国之星设计艺术大奖暨国家包装设计奖·希望之星最佳设计奖"受众是大学生，更确切地说是大学女生。因此这个休闲吧应该是比较安静的，风格比较清新，细节部分比较精致。另外，我们希望在闺蜜私语吧里可以销售我们原创的动漫产品，品牌角色形象能有一个立体公仔出现，体验店应充满动漫元素，衍生产品设计能放大动漫元素，形成视觉张力。我们想要的店内风格应该是带有一点点神秘感，灯光暗暗的，让人身处其中感受到一分惬意，一分宁静。

五、章节思考题

1. 我们需要什么样的包装？

2. 作品是否达到沟通目的、易于理解且令人难忘？

3. 设计素质、执行以及选材和应用是否相辅相成？

4. 作品是否具有独特的气质和效果？

5. 你的作品是一个概念还是仅仅是一项制作？

附录

概念训练—创意训练—风格训练—技能训练

一、课程脉络
1. 启动问题
2. 制定策略
3. 提出概念
4. 发挥创意
5. 表现执行

二、教学内容简介

第一段：认知

本阶段以研究优秀包装的设计风格，来进入对包装设计的认识，加深对包装设计的理解，追寻国际先进的包装设计理念，对国内包装现状提出思考，重点在包装设计的风格特征、设计品位、视觉表现、包装功能等。要求学生带着思考来学习、研究。

第二段：创意与定位

本阶段重点以品牌符号与产品的定位设计展开，训练学生的创意思维及观念表达，要求学生理解产品属性、市场、消费者、材料、包装形态、结构、视觉表现、开启包装方式等相关包装知识，并且从商品的本质出发，研究品牌符号的价值、意义，重点研究符号的识别、特征、记忆印象等，如何创造性地运用符号学的原理来解决包装设计的问题，以此展开课题训练。

第三段：表现

本阶段的重点在于设计表现，了解视觉语言（设计要素、构成、质感、形态、比例、视知觉等）的基本构成方法，以表现形式为切入点来研究包装设计。目的是利用设计要素，调动多样的表现手段，达到不同的设计效果，提高学生的设计表现能力。

第四段：提升

本阶段的重点在于提升学生对品牌包装的整体策划能力和设计品质，通过研究品牌系列化包装，让学生对包装设计程序有系统了解，将设计概念与创意转换成有效的表现形式，解决材料与结构的关系、手工制作、设计效果把握等包装技术问题，要求独立完成一套品牌包装设计。

三、课题提示

1. 从概念定位出发，训练风格表现力和定位控制能力。

2. 加强设计品位与美感训练，提升作品质量。

3. 运用设计元素，提高设计表现力，熟练掌握电脑表现技巧。

4. 通过成品制作，了解包装印前工艺与材料性能。

四、作业流程

1. 作业目标

通过有效的市场调研，分析目标消费群，制定品牌定位与设计策略，获得包装的设计概念，以专业的视觉表现技能，完成一套完整的品牌包装作业。

2. 作业流程

委托—项目组—调研（消费者、竞争品牌、客户）—策略规划（品牌分析识别定位功能、设计方向）—创意构想—与客户组沟通—设计方案（创意开发、风格定位、效果图模拟）定稿—创作总监终审—客户认可—制版打样—结构审定—印刷—推广

3. 作业实施

第一步

小组完成

① 选题

② 项目小组

③ 市场调研

④ 制作 PPT 提案

⑤ 观摩演示

完成时间：1 周

第二步

以下为个人作业

① 品牌定位

② 提炼设计概念

③ 命名

④ 品牌符号开发设计

完成时间：1 周

第三步

① 创意风格表达

② 寻找优秀设计 50 幅

③ 创意设计草图 10 张

④ 从草图中选 2 种创意作为风格设计

⑤ 电脑效果图形式完成

完成时间：1 周

第四步

① 包装结构与方式

② 了解包装材料与造型

③ 从设计风格中优选方案进入完善设计

④ 以制作成品的形式完成最后作业

⑤ 整理作业（拍照、编排）

完成时间：1 周

五、作业清单

1. 小组完成市场调研报告。

2. 个人完成一套有概念、有表现形式的系列化包装设计：

（1）元素准备（品牌符号、风格图形、色彩基调、包装形态创意、包装材料选用……）；

（2）包装上需出现的文字信息（品牌名称、产品分类名、生产商、净含量、产品功效特点介绍、条形码）；

（3）风格表现（以电脑效果图的形式完成）；

（4）包装实物样品（不少于 5 件包装）；

（5）作业演示（PPT 提案）；

（6）不少于 500 字的课后感想。

3. 课题提示

（1）从概念定位出发，训练风格表现力和定位控制能力。

（2）加强设计品位与美感训练，提升作品质量。

（3）运用设计元素，提高设计表现力，熟练掌握电脑表现技巧。

（4）作业表现要完整。

参考文献

[1] 郭湘黔，王玥，包装设计 – 适度包装的课题研究 [M]. 北京：人民邮电出版社，2013.

[2] 王受之 . 世界现代平面设计史 [M]. 北京：中国青年出版社，2018.

[3] 陈磊 . 走进包装设计的世界 [M]. 北京：中国轻工业出版社，2002.

[4] 尹定邦 . 设计的营销与管理 [M]. 长沙：湖南科技出版社，2003.

[5] 卢泰宏，邝丹妮 . 整体品牌设计 [M]. 广州：广东人民出版社，1998.

[6] 尹定邦，邵宏 . 设计学概沦 [M]. 长沙：湖南科学技术出版社，2016.

[7] 郭湘黔 . 包装设计师完全手册 .

[8] 原研哉 . 设计中的设计 [M]. 济南：山东人民出版社，2010.

[9] 郭湘黔 . 品牌包装 [M]. 长沙：湖南美术出版社，2009.

[10]（美）克里姆切克 . 包装设计：品种的塑造——从概念构思到货架展示 [M]. 上海人民美术出版社，2008.

[11]（日）田中一光 . 与设计向前行 [M]. 朱悦玮译 . 北京：北京时代华文书局 .

[12]（美）米尔曼 . 平面设计法则 [M]. 胡蓝云译 . 北京：中国青年出版社，2009.

[13] 何洁 . 从概念到表现的程序和方法 [M]. 长沙：中南大学出版社有限责任公司，2004.

[14] 诺曼 . 情感化设计 [M]. 何攀梅，欧秋杏译 . 北京：中信出版社，2015.

后记

在和很多同行探讨当下包装设计的诸多问题时，都会感叹这世界变化太快，我们已进入一个新消费时代，顺应这种变化，设计的理念与方法也随之而改变。

在编写这本书的过程中，我把近几年担任包装设计课程的教学思路做了一番梳理，这本书主要收录了课题设置、教学笔记、市场调研与作品分析、创意过程等，其中的设计作品主要来自近几年学生的课题作业。

实际上，关于包装设计的这门课程的教学仍然在不断地实践与探索中，尽管每学年的 4 周课程以及为此而填写的规范教案等已形成惯例，但当我面对新的学生、新的面孔时，我意识到不能满足于一些成型的教学方法。

作为阶段性的学生作业，思考和设计表达是考评的主要依据，当然也不能排斥其商业市场的实用性。对于市场的实用性，我认为也应有全新的解读：市场随经济发展而变化，而这种变化之快常常使得我们处于种种不适的状态中：规范教材滞后、教学手段滞后、设计观念滞后、设计表现力滞后……所以，我们不能满足于做一个技能型的设计师，更不能为了一个现阶段的所谓市场而成为一个设计师"枪手"。设计师真正的价值是应对市场具备一定的前瞻性和开拓性，能对设计对象提出独到的、可行的解决问题的方案。

为了对应市场发展的需求，近年来我开始尝试以课题教学替代课程教学的方法，针对包装设计项目的操作程序，来实施和制定包装课题的教学计划，将 4 周的时间分为 4 个阶段，每个阶段都有不同要求的课题训练，并以清单的形式规范作业的要求。每个阶段的作业都不是孤立的，而是围绕各自的选题方向将之联系起来。

假如这本书能算作教材的话，它也只能是一本阶段性的实验教材。因为，我认为包装设计的教与学是一个需要时常更新的课题，没有一成不变的模式可遵循。能够将教学中的感受过程记录下来并加以思考与提炼，对于我来说，本身是一种非常好的总结与提高的方式。前几天，有位学生提出了一个尖锐的问题："随着网上购物的普及，今后的社会还需不需要包装？"这是很难预测的。至少，没有包装的社会将更环保，即使有，也不会是今天人们所司空见惯的包装样式吧？

本书能够面世，我要感激曾经积极参与包装设计课程的各位同学，感谢我的研究生崔子焱、赖雪玲为部分章节进行编写，感谢研究生张宏、颜能能为本书做图文编辑，同时，我也要感谢中国建筑工业出版社的编辑们，经他们的悉心审核并提出修改意见，使得本书的纰漏尽量减少。最后，我诚挚地感谢为本书提供作品的历届本科生、研究生们，他们有的已走上不同的工作岗位，有的仍在校园学习，我祝愿他们沿着自己的生活轨迹幸福、健康、快乐地成长！